新农村建设百问系列丛书

健康高效养鹅技术

100问

郭利伟 李 鹏 张平英 编著

中国农业出版社

图书在版编目（CIP）数据

健康高效养鹅技术100问/郭利伟，李鹏，张平英编著 . —北京：中国农业出版社，2015.8（2017.3 重印）
（新农村建设百问系列丛书）
ISBN 978-7-109-20856-8

Ⅰ.①健…　Ⅱ.①郭…②李…③张…　Ⅲ.①鹅—饲养管理—问题解答　Ⅳ.①S835.4-44

中国版本图书馆 CIP 数据核字（2015）第 202552 号

中国农业出版社出版
（北京市朝阳区麦子店街 18 号楼）
（邮政编码 100125）
责任编辑　肖　邦

中国农业出版社印刷厂印刷　　新华书店北京发行所发行
2015 年 8 月第 1 版　　2017 年 3 月北京第 3 次印刷

开本：850mm×1168mm 1/32　印张：7
字数：172 千字
定价：28.00 元
（凡本版图书出现印刷、装订错误，请向出版社发行部调换）

新农村建设百问系列丛书

编 委 会

主 任 谢红星

副主任 周从标　周思柱

编 委（按姓名笔画排序）

丁保淼	万春云	王　宇	王　勇	王贤锋
王家乡	邓军蓉	卢碧林	邢丹英	朱　进
任伯绪	刘会宁	江　涛	许晓宏	孙　晶
孙文学	严奉伟	苏加义	苏应兵	李　鹏
李小彬	李凡修	李华成	李助南	杨　军
杨　烨	杨丰利	杨代勤	吴力专	汪招雄
张　义	张平英	张佳兰	张晓方	陈群辉
范　凯	赵红梅	郝　勇	姚　敏	徐前权
殷裕斌	郭利伟	龚大春	常菊花	彭三河
韩梅红	程太平	黎东升		

让更多的果实"结"在田间地头

（代序）

长江大学校长　谢红星

众所周知，建设社会主义新农村是我国现代化进程中的重大历史任务。新农村建设对高等教育有着广泛且深刻的需求，作为科技创新的生力军、人才培养的摇篮，高校肩负着为社会服务的职责，而促进新农村建设是高校社会职能中一项艰巨而重大的职能。因此，促进新农村建设，高校责无旁贷，长江大学责无旁贷。

事实上，科技服务新农村建设是长江大学的优良传统。一直以来，长江大学都十分注重将科技成果带到田间地头，促进农业和产业的发展，带动农民致富，如黄鳝养殖关键技术的研究与推广、魔芋软腐病的防治，等等。同时，长江大学也在服务新农村建设中，发现和了解到农村、农民最真实的需求，进而找到研究项目和研究课题，更有针对性地开展研究。学校曾被科技部授予全国科技扶贫先进集体，被湖北省人民政府授予农业产业化先进单位，被评为湖北省高校为地方经济建设服务先进单位。

2012 年，为进一步推进高校服务新农村建设，教育部和科技部启动了高等学校新农村发展研究院建设计划，旨在通过开展新农村发展研究院建设，大力推进校地、校所、校企、校农间的深度合作，探索建立以高校为依托、农科教相结合的综合服务模式，切实提高高等学校服务区域新农村建设的能力和水平。

2013 年，长江大学经湖北省教育厅批准成立新农村发展研究院。两年多来，新农村发展研究院坚定不移地以服务新农村建设为己任，围绕重点任务，发挥综合优势，突出农科特色，坚持开展农业科技推广、宏观战略研究和社会建设三个方面的服务，探索建立了以大学为依托、农科教相结合的新型综合服务模式。

两年间，新农村发展研究院积极参与华中农业高新技术产业开发区建设，在太湖管理区征购土地 1907 亩，规划建设长江大学农业科技创新园；启动了 49 个服务"三农"项目，建立了 17 个多形式的新农村建设服务基地，教会农业土专家 63 人，培养研究生 32 人，服务学生实习 1 200 人次；在农业技术培训上，依托农学院农业部创新人才培训基地，开办了 6 期培训班，共培训 1 500 人，农业技术专家实地指导 120 人次；开展新农村建设宏观战略研究 5 项，组织教师参加湖北电视台垄上频道、荆州电视台江汉风开展科技讲座 6 次；提供政策与法律咨询 500 人次，组织社会工作专业的师生开展丰富多彩的小组活动 10 次，关注、帮扶太湖留守儿童 200 人；组织医学院专家开展义务医疗服务 30 人次；组织大型科技文化行活动，100 名师生在太湖桃花村举办了"太湖美"文艺演出并开展了集中科技咨询服务活动。尤其是在这些服务活动中，师生都是"自带干粮，上门服务"，赢得一致好评。

此次编撰的新农村建设百问系列丛书，是 16 个站点负责人和项目负责人在服务新农村实践中收集到的相关问题，并对这些问题给予的回答。这套丛书融知识性、资料性、实用性为一体，应该说是长江大学助力新农村建设的又一作为、又一成果。

我们深知，在社会主义新农村建设的伟大实践中，有许多重大的理论、政策问题需要研究，既有宏观问题，又有微观问题；既有经济问题，又有政治、文化、社会等问题。作为一所综合性大学，长江大学理应发挥其优势，在新农村建设的伟大实践中，努力打下属于自己的鲜明烙印，凸显长江大学的影响力和贡献力，通过我们的努力，让更多的果实"结"在田间地头。

2015 年 5 月 16 日

目 录

让更多的果实"结"在田间地头（代序）

一、养鹅业概况 ……………………………………………… 1

  1. 家鹅起源及异同是什么？ ……………………………… 1

  2. 我国养鹅的现状是什么？ ……………………………… 1

  3. 我国现代养鹅业的优势条件及关键技术有哪些？ …… 2

  4. 国外养鹅有哪些技术值得我们借鉴？ ………………… 3

  5. 产业化养鹅有哪些综合生产模式？ …………………… 3

  6. 发展养鹅业的意义是什么？ …………………………… 4

二、鹅的生物学特性和优良品种 …………………………… 7

  7. 鹅有哪些生活习性？ …………………………………… 7

  8. 鹅有哪些生物学特性？ ………………………………… 9

  9. 鹅的优良品种主要有哪些？ …………………………… 10

  10. 品种不同的小型鹅，其产地分布、体貌特征、
生产性能有何区别？ …………………………………… 10

  11. 品种不同的中型鹅，其产地分布、体貌特征、
生产性能有何区别？ …………………………………… 15

  12. 大型品种狮头鹅的产地分布、体貌特征和生产
性能有哪些特点？ ……………………………………… 21

  13. 朗德鹅的产地分布、体貌特征和生产性能如何？ …… 23

  14. 莱茵鹅的产地分布、体貌特征和生产性能如何？ …… 24

三、鹅的繁殖技术与选育 …………………………………… 26

  15. 鹅的生长发育一般分为几个阶段？ ………………… 26

16. 鹅的繁殖规律和特点有哪些? ………………………… 27

17. 怎样选择理想的留种季节? ……………………………… 28

18. 选择种鹅的方法有哪些? ………………………………… 28

19. 鹅的配种方法有哪几种? ………………………………… 29

20. 为什么要选择鹅的配种年龄和公、母鹅比例? ……… 31

21. 如何进行鹅人工授精技术的操作? …………………… 31

22. 正常的精液标准如何? …………………………………… 32

23. 如何进行种鹅反季节繁殖? …………………………… 33

24. 如何做好鹅的种蛋管理工作? ………………………… 34

25. 鹅种蛋常用的消毒方法有哪几种? …………………… 36

26. 如何选择适宜的种蛋孵化条件? ……………………… 38

27. 机器孵化法的优点和注意事项有哪些? ……………… 40

28. 什么是自然孵化法? ……………………………………… 41

29. 初生雏鹅的雌雄鉴别方法有哪些? …………………… 42

30. 如何进行孵化效果的分析? …………………………… 43

四、鹅的营养与饲料 ……………………………………………… 44

31. 鹅的营养需要有哪些? …………………………………… 44

32. 鹅的饲料按其性质可以分为哪几类? ………………… 47

33. 鹅配合日粮应遵循的原则有哪些? …………………… 48

34. 配制鹅的饲料时要考虑哪几个因素? ………………… 49

35. 我国传统的"鸭吃荤、鹅吃素"说法是否正确? ……… 50

五、种草养鹅 ……………………………………………………… 51

36. 为什么要推广种草养鹅技术? ………………………… 51

37. 适于养鹅的牧草有哪些品种? ………………………… 52

38. 如何保证牧草的四季均衡供应? ……………………… 52

39. 鲜牧草常年供应种植模式有哪些? …………………… 52

40. 牧草青贮有哪些优点? …………………………………… 53

41. 豆科牧草的栽培管理技术特点有哪些? ……………… 53

42. 禾本科牧草的栽培管理技术特点有哪些? …………… 54

43. 叶菜类牧草的栽培管理技术特点有哪些? …………… 54

六、鹅的饲养管理技术 ……………………………………… 56

44. 雏鹅的生理特点有哪些? ……………………………… 56
45. 育雏前需要做哪些准备工作? ………………………… 57
46. 怎样提高育雏成活率? ………………………………… 58
47. 强雏和弱雏有哪些鉴别方法? ………………………… 60
48. 刚运到饲养地的初生雏鹅为什么不能马上放入育雏器? ……… 60
49. 怎样把握好雏鹅的潮口开食? ………………………… 61
50. 雏鹅放牧应注意哪些问题? …………………………… 62
51. 弱雏鹅的康复方法有哪些? …………………………… 63
52. 仔鹅的饲养方式有哪些? ……………………………… 63
53. 为什么要加强育肥仔鹅的饲养管理? ………………… 64
54. 鹅的育肥方法有哪些? ………………………………… 65
55. 育肥期的管理措施有哪些? …………………………… 66
56. 怎样判断育肥鹅的膘情? ……………………………… 66
57. 怎样选择肉鹅的最佳出栏期? ………………………… 67
58. 如何选择后备种鹅? …………………………………… 68
59. 后备种鹅饲养期各阶段的特点是什么? ……………… 69
60. 为什么要进行限制饲养? ……………………………… 70
61. 后备种鹅限制饲养中需要注意哪些事项? …………… 71
62. 通过哪些技术操作可以控制种鹅适时开产? ………… 71
63. 在种鹅产蛋期需要注意哪些环境条件? ……………… 72
64. 如何做好休产期母鹅的饲养管理? …………………… 73
65. 如何做好种公鹅的饲养管理? ………………………… 75

七、鹅的保健和疾病防治 …………………………………… 77

66. 鹅病有哪些类型? ……………………………………… 77
67. 如何增强鹅的抵抗力? ………………………………… 78
68. 鹅场疾病的综合防治原则和措施有哪些? …………… 79
69. 如何做好鹅场的消毒工作? …………………………… 84
70. 鹅群常用的免疫接种方法有哪些? …………………… 93
71. 怎样预防和治疗鹅群常见的营养缺乏病? …………… 94

72. 怎样预防和治疗鹅群常见的中毒性疾病? ……………… 100

73. 怎样预防和治疗鹅中暑? ……………… 104

74. 鹅应激综合征的发病情况和防治措施有哪些? ……… 105

75. 鹅传染病发生和流行必须具备的三个条件是什么? … 106

76. 怎样预防和治疗鹅常见的病毒性传染病? ……… 108

77. 怎样预防和治疗鹅群常见的细菌性和真菌性疾病? … 140

78. 怎样预防和治疗鹅群常见的寄生虫病? ……… 168

八、鹅场建设 ……………………………… 179

79. 如何确定鹅场的建设位置? ……………… 179

80. 如何进行鹅场的科学规划与布局? ……… 183

81. 鹅舍建造的基本要求有哪些? ……………… 187

82. 如何进行雏鹅舍的设计与建造? ……… 188

83. 如何进行种鹅舍的设计与建造? ……… 189

84. 如何进行育肥鹅舍的设计与建造? ……… 191

85. 鹅场常用的育雏保温设备有哪些? ……… 193

86. 如何进行鹅场的环境控制与监测? ……… 195

87. 如何进行鹅场废弃物的处理? ……………… 196

九、鹅产品经营管理 …………………… 198

88. 鹅产品系列包括哪些? ……………… 198

89. 鹅肥肝有哪些营养价值? ……………… 198

90. 哪些因素影响肥肝鹅的填饲生产? ……… 199

91. 为什么玉米是生产肥肝的最好饲料? ……… 204

92. 如何进行鹅肥肝的质量监测和分级? ……… 204

93. 我国鹅肥肝生产的现状和发展趋势是什么? ……… 206

94. 鹅羽毛有哪些经济价值? ……………… 208

95. 鹅体的羽绒分为哪几种类型? ……… 208

96. 鹅产品深加工有什么意义? ……………… 209

参考文献 ……………………………… 211

一、养鹅业概况

1. 家鹅起源及异同是什么？

鹅是经人类长期驯化，能在家养条件下生存和繁衍后代，有较高经济价值的鸟类。家鹅是由野生的鸿雁和灰雁驯化来的。中国家鹅品种中，除原产于新疆的伊犁鹅起源于灰雁外，其他品种都是鸿雁的后代；绝大多数欧洲鹅种来源于灰雁。

在外形上，鸿雁家鹅与灰雁家鹅有明显的区别，头部和颈部尤为明显。成年鸿雁家鹅头部有肉瘤，公鹅的肉瘤特别突出硕大；颈细长呈弓形；腹部大而下垂，前躯抬起与地面呈明显的角度。灰雁家鹅头浑圆无肉瘤；颈短粗而直；前躯几乎与地面保持水平状态。

与野生雁比较，家鹅的体重普遍偏重，丧失飞行能力，骨骼变得更大、更强壮，繁殖能力明显提高，无迁徙特性，仅表现为对当地环境的依赖性。

2. 我国养鹅的现状是什么？

我国养鹅历史长达 3100 多年，是当今世界上养鹅数量最多的国家，同时也是鹅产品出口大国。有资料显示，2003 年，世界鹅存栏量为 24 712.2 万羽，出栏量为 53 347.8 万羽，而中国的鹅存栏量和出栏量分别达到了 21 600 万羽和 49 416.8 万羽，遥遥领先于世界各国。养鹅业具有耗粮少、投入低、周转快、用途广、效益高等特点，是适应新世纪我国畜牧业战略性结构调整要求的一项优势产业，更是广大农村致富奔小康的一条捷径。近几年来，我国养鹅业持续升温，发展势头不减。

3. 我国现代养鹅业的优势条件及关键技术有哪些?

我国在数千年前已开始驯化和饲养水禽，经过长期的生产实践，在品种选育、繁殖技术、孵化技术、饲养管理和疾病防控等方面积累了丰富的经验。我国鹅主要分布在农业发达的东部地区，长江、珠江、淮河中下游和华东、华南沿海地区有大量草山、草坡、滩涂、草场，可作为养鹅业的青饲料资源，且该区域内江河纵横、湖泊众多，水生动植物资源丰富，为鹅业生产的发展提供了得天独厚的自然资源和环境条件。同时，我国养鹅经过多年的驯化和人工选育，已形成数十个地方品种。由于各品种形成的历史及地域环境、自然条件不同，品种间生产性能如产肉、产蛋、产绒等方面也相应地存在着一定的差异。一般南方品种产肉性能较好，北方品种产蛋和产绒性能较好。各地方品种及大、中、小型鹅种丰富多样，且生产性能优良，为我国养鹅生产提供了坚实的种源保证。另外，我国的劳动力资源丰富，随着农村经济体制改革和农业结构的调整，再加上科学知识的普及，技术水平的提高和农业现代化的逐步实现，更多的农民投入到鹅的养殖生产中。

鹅肉肉质鲜美、绿色无污染，市场一直十分走俏。鹅羽绒轻、软、暖，市场上更是供不应求。鹅肥肝营养价值极高，滋补作用强，在国际市场上具有强大的竞争优势。除蛋、肉主产品外，鹅的副产品如血、肠、胆、皮、毛等经过处理加工后售价更高。目前，我国已经涌现出一大批优质鹅产业化生产的先进，取得了较好的经济效益和社会效益。

但是，我国鹅业产业化发展还需要解决一些关键性技术问题。例如，我国鹅业生产规模化、集约化程度低，规模化集约化技术还未全面推广，大多以农户分散饲养为主；生产的中国鹅品种不能完全满足产业化生产的需求，必须进行本品种选育，提纯复壮，提高鹅的繁殖性能和生长速度；肉鹅饲养和饲料配制技术落后，深入研究并制定中国肉鹅饲养标准是产业化生产的必然要求；鹅产品的生产和深加工技术水平较低，未与国际标准接轨，尽管目前加工的鹅产品种类繁多，各具特色，深受广大消费者的青睐，但这些均属初加工，产品附加值较低，而且产品的保存期较短，应参照国外做法，努力实现标准化和无公害化。

4. 国外养鹅有哪些技术值得我们借鉴？

国外养鹅规模数量相比国内较少，但科技水平很高。他们培育专门化品系组成良种繁育体系进行生产，如东欧培育的肥肝专用型、肉用仔鹅专用品系、烤鹅专用品系等，产生了很高的经济效益。随着商品经济的发展，东欧鹅的育种已经由国家单位转变为商业育种公司经营，鹅的育种更加科技化、商业化。在饲养管理工艺上，集约化、机械化养殖模式高度发达，多采用厚垫料平养、网养或笼养。

在产品开发方面，国外鹅商品化程度很高，特别注重鹅的商业开发。目前，大部分鹅肉生产国已经从整胴体方式出售转为分割肉销售，多余的脂肪用于香料制造业，产蛋结束后的淘汰鹅和取肥肝后的鹅肉加工为鹅肉香肠、罐头、肉馅等食品。在一些欧洲国家，鹅也被用作伴侣动物、观赏动物，甚至作为果园等的除草动物。

5. 产业化养鹅有哪些综合生产模式？

产业化养鹅主要有鹅鱼综合生产模式、果（林）鹅综合生产模式、种养结合生产模式。

鹅鱼综合生产模式是利用鱼池水面养鹅，鹅喂食鱼用饵料和放牧青草，鹅粪喂鱼的饲养模式。一般每公顷水面可养鹅300～500只，水池及库池周围有充足的青草供鹅采食，可以少投或不投鱼用饵料。具体情况视鱼苗放养量而定。尤其是养草鱼等食草的淡水鱼类，效果更好。

果（林）鹅综合生产模式是利用果园或林下草地养鹅，这种模式可以充分利用果、林下的草地牧草资源，能够在不影响主业生产的前提下获得额外收益。

种养结合生产模式是指把种植业和养鹅业结合起来，利用空闲地种植一些优质牧草，如苜蓿、燕麦等。实践证明，即使利用耕地种植牧草也是可行的。例如，头茬种植小麦等早熟作物，后茬可考虑种植大麦等优质饲料作物，用于青割或调制青储饲料养鹅。

6. 发展养鹅业的意义是什么？

目前，我国大力发展养鹅业具有重要的现实意义。

（1）符合我国人多地少、资源相对不足的国情。在相当长的时期内，我国人均粮食占有量不可能有大幅度的增长，而且我国还面临着人口的不断增长，耕地面积不断减少的状况。因此，对于我国这样一种耕地匮乏、粮食短缺的形势来说，粮用畜牧的发展受到限制，为了满足城乡居民对动物性蛋白质的需要，大力发展草食畜禽，以草换取畜禽产品，已成为我国今后畜牧业发展的主要方向。而养鹅属节粮型畜牧业，鹅作为草食家禽，可利用草滩、草地、草山、草坡、果木林地等群牧养殖；也可利用农区的田边地角、沟渠道旁零星养殖；还可利用冬闲田等可利用的土地种草养殖。不仅如此，养鹅生产还是劳动密集型产业，能为农村富余劳动力提供就业机会，是农民增收的有效途径。因此，发展耗粮少的养鹅业既是社会发展的需要，也是我国基本国情的需要。

（2）符合我国农业产业结构调整的方向。在我国畜牧业传统的产业结构中长期以生猪生产为主，猪肉占肉类总量的 68.2%，禽肉占肉类总量不到 20%，且绝大部分为鸡、鸭肉，鹅肉所占的比例极小。根据我国目前的国情，如何挖掘粮食以外的畜牧业生产结构，减少畜牧业对粮食的依赖，建立以草食畜禽为主体的节粮型畜牧业产业结构，变以粮换畜产品为以草换畜产品，这是我国畜牧业的发展方向。而鹅作为草食畜禽中的佼佼者，具有抗逆性强、适应性广、以食草为主、耐粗放易饲养、疾病少、生长快、饲养周期短、经济周转快、投资省、效益高等生物学特性和与鱼、林、果共生共长，协调发展的生态特点，故大力发展养鹅业，提高养鹅在畜牧生产中的比重，会使我国畜牧业的发展，由生产结构的转机带来畜产品结构和消费结构的新转机。

（3）符合人们对鹅产品日益增长的需求。随着人们生活水平的提高，对高脂肪的肥猪肉的消费习惯将会转变，而鹅肉味道鲜美、营养丰富、蛋白质含量高、脂肪较少，且 70% 由不饱和脂肪酸组成、熔点低、质量好、消化率高，优于牛羊肉。某些氨基酸如赖氨酸、组氨酸和丙氨酸较鸡肉高 30% 以上。因此，鹅肉是有利于人类健康的理想肉类，必须加速发展，以改善肉类生产和消费结构，在满足不断提高的城乡人们生活水平需要的同时，又可为国内外市场提供优质肉类。

（4）符合绿色环保的潮流。养鹅与林、果、水产养殖结合，形成生态良性循环，提供大量绿色食品。牧草含有丰富的优质蛋白质，营养全面，有利于维持鹅的健康，减少疾病的发生，降低抗生素和药物的使用，生产的产品绿色安全。在盐碱地、低中产田种植牧草，可以改良盐碱地，提高土壤肥力和生产效益；在退耕还草地区，结合养鹅生产，有利于退耕还草的稳步推行，这些做法都可以改变当地的生态环境。

（5）符合我国农产品与国际接轨的要求。根据权威专家的分析，在国际禽产品市场上，我国拥有三大优势产品：精细分割产品、优质黄羽肉鸡和水禽产品。其中水禽产品是我国目前养禽业中最具发展潜力和最容易取得突破的产业。我国鹅的饲养量超过世界总量的一半，且潜力依然巨大。在严峻的国际市场行情中，我国水禽产品独树一帜，避开与肉鸡产品等廉价进口产品的正面交锋。另一方面，我国拥有国际上最丰富的鹅种基因资源和自然优势，具有丰富多彩的加工工艺和悠久的养鹅传统，鹅肥肝等产品供不应求，经济效益高。

养鹅业是经济效益、社会效益和生态效益俱佳的产业。特别是我国加入 WTO 之后，市场开放，市场竞争日趋激烈，在对农业冲击较大的新形势下，我们必须以战略的眼光和清醒的头脑，审时度势，扬长避短，及时对产业结构进行合理的调整，大力发展优势产业。

二、鹅的生物学特性和优良品种

7. 鹅有哪些生活习性？

鹅的生活习性可以归纳为以下几方面：

（1）喜水性。鹅是水禽，喜欢在水中寻食、嬉戏和求偶交配，每天约有三分之一时间在水中生活，特别是在早晨和傍晚。鹅在水中交配次数比例占 60% 以上。鹅的跖、趾、蹼组织致密、坚厚，在陆地上每分钟能走 45～50 米，在水中每分钟能游 50～60 米。鹅在水面上游时像一只小船，趾上有蹼似船桨，躯体比重约为 0.85，气囊内充满气体，轻浮如梭，时而潜入水下，扑觅淘食。因此，宽阔的水域、良好的水源是养鹅的重要环境条件之一。

（2）食草性。鹅以植物性食物为主，一般无毒、无特殊气味的野草都可供鹅采食。鹅具有强健的肌胃、比身体长 10 倍的消化道以及发达的盲肠。鹅的肌胃压力比鸡大 2 倍，是鸭的 1.5 倍。肌胃内层有厚的角质膜，内有砂砾，依靠肌胃坚厚的肌肉组织的旋转运动，将植物细胞壁破碎。鹅的肠道较长，盲肠发达，对青草中粗纤维的消化率可达 45%～50%，从而能充分吸收植物细胞内的营养物质，特别是消化青饲料中蛋白质的能力很强。一般情况下，鹅只采食叶子，但野草不多时，茎、根、花、籽实都会被采食。因此，要尽量放牧，即使舍饲，也要尽可能多地提供青饲料，可大幅度降低生产成本。

（3）耐寒性。鹅体型大，有比较厚的皮下脂肪，全身覆盖厚密的羽毛和绒毛。羽毛细密柔软，绒毛绒朵大，密度大，弹性好，保温性能极佳。相比鸡来说，成年鹅的羽毛更紧密贴身，更浓密、保温性能更好，较鸡只有更强的抗寒能力。鹅又有发达的尾脂腺，常用喙把尾脂腺的油脂涂在羽毛上，起到防水御寒的作用，因而鹅具有较强的耐寒性。即使是在 0℃ 左右的低温下，鹅仍能在水中活动。在 10℃ 左右的气温下，仍可保持较高的产蛋率。

（4）合群性。鹅在野生状态下，天性喜群居和成群飞行。这种本性在驯化家养之后仍未改变，至今仍表现出很强的合群性。鹅群行走时列队整齐，觅食时在一定范围内扩散而不乱。在大鹅群中，又有"小群体"存在。偶尔个别鹅离群，就"呱呱"大叫，一旦得到同伴的应和，孤鹅则循声而归群。这种合群性使鹅的规模饲养成为可能，大群放牧及饲养管理方便，易于看管。

（5）次序性。在鹅群中，存在等级次序。新鹅群中等级常常通过争斗产生。等级较高的鹅，有优先采食、交配和占领领域的权力。在一个鹅群中，等级序列有一定的稳定性，但也会随某些因素的变化而变化，如生病时等级地位下降，而健康壮实者则等级提高。生产中，鹅群要保持相对稳定，频繁调整鹅群，打乱已存在的等级序列，容易引起应激。

（6）警觉性。鹅的听觉很灵敏，警觉性很强，遇到陌生人或其他动物时就会高声鸣叫以示警告，有的甚至用喙啄击或用翅扑击。因此，有人用鹅代替狗看家，我国浙江一些地方把白鹅称为"白狗"，南美安第斯山麓的印第安人现在仍保留养鹅护家的习俗。

（7）就巢性。就巢性是家鹅野生祖先的生殖习性，影响产蛋和母鹅的进一步发育。除四川白鹅、太湖鹅、豁眼鹅几乎没有就巢性或一些个体表现出较弱的就巢性外，我国大多数鹅种都有很强的就巢性。在繁殖季节，一般母鹅每产一窝蛋（8～12 枚）便会停产，表现出就巢性。如果让其孵蛋，就巢性会直到雏鹅出壳后才逐渐消失。

（8）夜间产蛋性。母鹅夜间产蛋，这一特性为种鹅的白天放牧提供了方便。夜间鹅不会在产蛋窝内休息，仅在产蛋前半小时左右才进入产蛋窝，产蛋后少歇片刻才离去，有一定的恋巢性。鹅产蛋一般集中在凌晨，若多数窝被占用，有些鹅宁可推迟产蛋时间，这样就影响了鹅的正常产蛋。因此，鹅舍内产蛋窝位要足，垫草要勤换。

（9）生活规律性。鹅具有良好的条件反射能力，活动节奏表现出极强的规律性，如在放牧饲养时，一天之中的放牧、收牧、交配、采食、洗羽、歇息、产蛋等都有比较固定的时间。而且这种生活节奏一经形成便不易改变，如原来每天喂4次食，突然改变为喂3次，鹅会很不习惯，并会在原来喂食的时间自动群集鸣叫、骚乱；原来的产蛋窝被移动后，鹅会拒绝产蛋或随地产蛋。因此，在养鹅生产中，已经制定的操作管理规程要保持稳定，不要轻易改变。

8. 鹅有哪些生物学特性？

（1）体温高，新陈代谢旺盛。鹅的体温高于家畜，为40.5～41.6℃；心搏率较快，按单位体重计算，对氧的需要量为猪、牛的两倍，其他相关生理指标也较高；活动性强，消化能力也强，对饥饿、缺乏饮水较敏感。

（2）生长发育快。鹅生长快，成熟早，生长周期短，特别是早期生长迅速。如狮头鹅初生重平均为135克，70日龄可达6 110克，为初生重的45倍。

（3）繁殖力较强。虽然同鸡相比鹅的繁殖能力偏低，但同其他动物相比，鹅的繁殖能力较强。例如，太湖鹅平均年产蛋75枚以上，东北地区的豁眼鹅平均年产蛋百枚以上。不同的地方品种产蛋性能差异较大，在我国，一般南方鹅种要低于北方鹅种。另外，公鹅的精液量一般较少，但精液浓度大，精子数量多，寿命长，并且当年孵出的雏禽即可投入再生产。

（4）屠宰率高。同其禽类一样，鹅的屠宰率一般较高，为活重的 70%～75%，尤其是可食部分占屠宰体重的 60% 以上。

（5）对青饲料消化率高。鹅能充分利用青粗饲料，如田间路边的野草、遗谷、麦粒、甚至深埋于淤泥里的草根和块茎，都能被鹅觅食。依靠肌胃强有力的机械消化、小肠对非粗纤维成分的化学性消化及盲肠对粗纤维的微生物消化这三者的协同作用，才能保障鹅对青饲料很高的消化率。

9. 鹅的优良品种主要有哪些？

中国地方鹅的优良品种有：小型品种鹅有太湖鹅、豁眼鹅、籽鹅、乌鬃鹅、永康灰鹅、阳江鹅等；中型品种有伊犁鹅、皖西白鹅、雁鹅、溆浦鹅、四川白鹅、浙东白鹅、扬州鹅等；大型品种有狮头鹅。国外良种鹅主要有朗德鹅、莱茵鹅、埃姆登鹅、图卢兹鹅、罗曼鹅、意大利白鹅、玛加尔鹅（匈牙利鹅）等。

10. 品种不同的小型鹅，其产地分布、体貌特征、生产性能有何区别？

（1）太湖鹅。我国鹅种中一个小型的高产白鹅品种，原产于江苏、浙江两省沿太湖地区，现主要分布于江苏、浙江、上海等地，在东北、河北、湖南、湖北、江西、安徽、广东、广西等地也有饲养。太湖鹅体型小，体质细致紧凑，全身羽毛洁白，体态高昂，前躯丰满而高抬。前额肉瘤明显，圆而光滑，呈淡姜黄色，颈细长呈弓形，无咽袋，从外表看公、母鹅差异不大，公鹅体型相对高大，常昂首展翅行走，叫声洪亮；母鹅肉瘤较公鹅小，喙也相对短些，叫声较低。公、母鹅的喙、胫、蹼均呈橘红色。太湖鹅生长速度快，雏鹅出壳重 91.2 克，在牧草旺季和秋季进行半舍半牧饲养，70 日龄每只鹅只需补喂 0.5 千克精料，体重可达 2.25～2.50 千克，达到上市标准，舍内饲养则可达 3 千克左右。成年公鹅体重 4.0～4.5 千克，母鹅 3.0～3.5 千克。成年公鹅半净膛率和全净膛率分别为 84.9％和 75.6％，母鹅半净膛率和全净膛率分别为 79.2％和 68.6％。太湖鹅性成熟早，母鹅在 160 日龄左右开产，年产蛋量 60 枚左右，高产鹅群达 80～90 枚，高产个体达 123 枚，平均蛋重 135 克。公、母鹅配种比例为 1∶6～7，种蛋受精率在 90％以上，受精蛋孵化率 85％左右。母鹅就巢性差，繁殖几乎全为人工孵化。种鹅停产后即淘汰，利用年限只有 1 年。太湖鹅羽绒洁白，绒质较好，屠宰一次性褪羽毛 200～250 克，含绒量 30％。经填饲，平均肝重 251～313 克，最大达 638 克（图 1）。

图 1　太湖鹅

（2）豁眼鹅。原产于山东省莱阳地区，后来推广到辽宁、吉林、黑龙江等地区。目前，山东、辽宁、吉林、黑龙江饲养的豁眼鹅较多，并且各地经过选育后有了新的名称，在山东省被称为五龙鹅，在辽宁昌图地区被称为昌图豁眼鹅，在吉林通化地区、黑龙江延寿县周围被称为疤痢眼鹅。近年来，新疆、广西、内蒙古、福建、安徽等地区也先后引入了豁眼鹅品种。豁眼鹅体型较小，体质细致紧凑。头较小，额前有光滑的肉瘤，眼呈三角形，上眼睑有一疤状豁口，因此得名为"豁鹅"。颈长呈弓形，前躯挺拔高抬。公鹅体型较短。呈椭圆形，母鹅体型稍长，呈长方形。山东豁眼鹅颈较细长，腹部紧凑。只有少数鹅有腹褶且较小；少数鹅有咽袋。辽宁、吉林、黑龙江等省的豁眼鹅大多数有咽袋和腹褶。豁眼鹅全身羽毛洁白，喙、肉瘤、胫、蹼均呈橘红色。昌图豁眼鹅生长速度快，但因各地饲养条件不同，生长速度差异大。一般在 5 月龄达体重最高点，补饲精料的料肉比为1.5：1。肌肉纤维较粗，胆固醇含量低，蛋白质含量高达 18%。豁眼鹅一般在 7～8 月龄开产。集约饲养时年产蛋量 120 枚左右，个体高的可达 160 枚；放牧条件下年均产蛋 80 枚，半放牧条件下，年均产蛋 100 枚以上，产蛋量居全世界鹅中之最，有"鹅中来航"之称。豁眼鹅无就巢性，公、母鹅配种比例1：5～7。活鹅人工拔毛，一年可拔两次，每次可拔 75 克，含绒量 30%，蓬松度好，不含杂毛，飞丝少，深受羽绒加工商欢迎（图2）。

图 2　豁眼鹅

（3）籽鹅。原产于黑龙江省绥化和松花江地区，其中以肇东、肇源、肇州等县最多，吉林省农安县也较多。体躯较小呈卵圆形，颈细长，头上肉瘤较小，多数鹅头顶上有缨状羽毛，全身羽毛白色，喙、腿和蹼均为橘黄色，颌下垂皮小，腹部下垂。籽鹅早期生长发育较快，初生重 95 克，籽鹅 70 日龄体重 2.86～3.28 千克，成年公鹅体重 4.0～4.5 千克，母鹅 3.0～3.5 千克。母鹅半净膛率和全净膛率分别为80.2% 和 71.3%。母鹅在 180～210 日龄开产，年产蛋量 100 枚以上，多的可达 180 枚，平均蛋重 131.1 克。公、母鹅配种比例为 1：5～7，喜欢在水中配种，受精率在 90% 以上，春季尤高。籽鹅产蛋量高是世界公认的，公用配比一般 1：5～7，受精率和孵化率均在90％以上，母鹅无就巢性，籽鹅的抗寒、耐粗饲能力强，可作为理想的母本品种生产商品杂交鹅（图3）。

图3　籽　鹅

（4）乌鬃鹅。主产区在广东省清远市及其附近县市，当地也称为清远鹅。该品种在广东省颇受消费者喜爱。该品种鹅体型紧凑，头小、颈细、脚短。背、胸、肩和尾部羽毛灰褐包，颈部两侧和前胸部羽毛灰白色，腹部羽毛白色；从头顶到颈肩结合处沿颈部背侧有一条棕褐色条带，如同马的深色鬃毛一般。喙、肉瘤、胫、蹼均为黑色。乌鬃鹅初生重95克，30日龄体重为695克，70日龄为2.58千克，90日龄为3.17千克，料肉比为2.31：1。成年体重公鹅为4～4.5千克，母鹅为3.5千克。在不放牧条件下，育肥15天，可增重725克，日增重50克。母鹅在140日龄左右开产，平均年产蛋量30枚左右。蛋重为145克左右，蛋壳灰色。母鹅有很强的就巢性，可进行天然孵化，公鹅性欲很高，自然交配公、母鹅配种比例为1：8～10，在配种旺季，1只公鹅每天可交配15～20次（图4）。

图4　乌鬃鹅

（5）永康灰鹅。原产于浙江省永康及武义县。永康灰鹅羽毛呈灰黑色或淡灰色，颈部正中至背部主翼羽颜色较深、颈部两侧和前胸部羽毛为灰白色，腹部羽毛白色，尾部羽毛上灰下白。肉瘤为黑色。颌下无咽袋，无腹褶。皮肤淡黄色，胫、蹼橘红色。好斗，会啄人。永康灰鹅早熟易肥，当地流传"边吃边拉，六十天好卖"的说法。据测定，30 日龄平均体重达 1.42 千克，60 日龄为 2.52 千克，60～70 日龄仔鹅半净膛率为 82.36％，全净膛率为 61.81％。经填饲，永康灰鹅肥肝重最大达 1.14 千克，平均重 487.26 克，料肝比为 40.12：1。母鹅 4～4.5 月龄开产，年产蛋量 40～60 枚，蛋重为 145 克。种鹅每产蛋 1 次，交配 1 次。每期产蛋结束即就巢，孵蛋数以 10～15 枚为宜，平均 30 天孵出雏鹅。公鹅 90 日龄性成熟，在人工辅助配种的情况下，公、母鹅配种比例为 1：20～30（图 5）。

图 5　永康灰鹅

（6）阳江鹅。中心产区位于广东省湛江地区阳江市，主要在该县的塘坪、积村、北贯、大沟等乡。分布于邻近的阳春、电白、恩平等县市，在江门、韶关等地及广西也有分布。体形中等、行动敏捷。母鹅头细颈长，躯干略似瓦筒形，性情温驯；公鹅头大颈粗，躯干略呈船底形，雄性明显。从头部经颈向后延伸至背部，有一条宽约 1.5～2 厘米的深色毛带，故又叫黄鬃鹅。在胸部、背部、翼尾和两小腿外侧为灰色毛，毛边缘都有宽 0.1 厘米的白色银边羽。从胸两侧到尾椎，有一条像葫芦形的灰色毛带。除上述部位外，均为白色羽毛。在鹅群中，灰色羽毛又分黑灰、黄灰、白灰等几种。喙、肉瘤为黑色，胫、蹼为黄色、黄褐色或黑灰色。阳江鹅属小型肉用鹅种。75日龄体重达3.25千克。成年公鹅体重为4.35千克，母鹅体重3.75千克。63日龄屠宰，公鹅半净膛率为82.2%，全净膛率为74.1%，母鹅半净膛率为82.0%，全净膛率为72.9%。母鹅150～160日龄开产，年产蛋量26枚。公、母鹅配种比例为1∶5～6，种蛋受精率84%。母鹅可利用5～6年，种公鹅可用4～5年。母鹅年就巢4次（图6）。

图6　阳江鹅

11. 品种不同的中型鹅，其产地分布、体貌特征、生产性能有何区别？

（1）伊犁鹅。产于新疆伊犁哈萨克自治州塔城，也叫塔城飞鹅，是野生灰雁驯养形成的。耐粗饲，尤其适合放牧饲养。中等体型，体躯呈扁椭圆形，颈粗短，头上肉瘤不明显，胸宽，腿粗短，无咽袋。羽毛有灰、花、白三种。伊犁鹅体形中等，初生重100克左右，公、母鹅30日龄体重分别为1.38千克和1.23千克，60日龄为3.00千克和2.77千克，120日龄为3.70千克和3.40千克。8月龄育肥15天肉鹅屠宰平均活重3.81千克，半净膛率和全净膛率分别为83.6%和75.5%。母鹅开产期9～10月龄，全年可产蛋5～24枚，平均年产蛋量10.1枚，平均蛋重150克。公鹅10月龄配种，公、母鹅配种比例为1∶2～4。鹅绒是其主要产品之一，平均每只鹅可产绒240克，其中纯绒192.6

克(图 7)。

图 7　伊犁鹅

（2）皖西白鹅。中心产区位于安徽省西部丘陵山区和河南省固始一带，主要分布于皖西的霍邱、寿县、六安等县市。在河南也称为"固始白鹅"。皖西白鹅体型中等，体态高昂，气质英武，颈长呈弓形，胸深广，背宽平。全身羽毛洁白，头顶肉瘤呈橘黄色，圆而光滑无皱褶，喙橘黄色，喙端色较淡，虹彩灰蓝色，胫、蹼均为橘红色，爪白色，约 6% 的鹅颔下带有咽袋。少数个体头颈后部有球形羽束，即顶心毛。公鹅肉瘤大而突出，颈粗长有力，母鹅颈较细短，腹部轻微下垂。皖西白鹅的类型：有咽袋腹皱褶多，有咽袋腹皱褶少，无咽袋有腹皱褶，无咽袋无腹皱褶等。皖西白鹅初生重 90 克左右，30 日龄仔鹅体重可达 1.5 千克以上，60 日龄达 3.00～3.50 千克，90 日龄达 4.50 千克左右，成年公鹅体重 6.12 千克，母鹅 5.56 千克。8 月龄放牧饲养和不催肥的鹅，半净膛率和全净膛率分别为 79.0% 和 72.8%。母鹅开产日龄一般为 6 月龄，产蛋多集中在 1

月和 4 月。一般年产蛋两期，年产蛋量 25 枚左右。公、母鹅配种比例为 1：4～5，受精率 88.7%，孵化率 91.1%。雏鹅 30 日龄平均存活 96.8%。母鹅一般利用 4～5 年，优良者可利用 7～8 年。皖西白鹅产绒性能极好，羽绒洁白，质量好，尤以绒毛的绒朵大而著称，平均每只鹅可产绒 349 克，其中纯绒 40～50 克（图 8）。

图 8　皖西白鹅

（3）雁鹅。原产地在安徽省西部的六安地区。现主要分布于安徽、河南、辽宁、吉林、黑龙江、内蒙古等地。体型中等，体质结实，头部圆形略方，大小适中，额上部有黑色肉瘤，呈桃形或半球形，腿、蹼为橘红色，颈细长、胸深、背宽、腿粗短，羽毛灰褐色，雏鹅为灰黑色。雁鹅成年公、母鹅体重分别为 6 千克左右和 4.5～5 千克。成年公鹅半净膛率和全净膛率分别为 86.1% 和 72.6%，母鹅半净膛率和全净膛率分别为 83.8% 和 65.3%。一般母鹅在 7～9 月龄开产，年产蛋量 25～35 枚，平均蛋重 150 克。公鹅 4～5 月龄有配种能力，公、母鹅配种比例为 1：5。公鹅性成熟后 1～2 年内性欲旺盛；母鹅开产后 3 年内产蛋量逐年提高，一般利用 5 年左右。就巢性强，一般年就巢 2～3 次（图 9）。

（4）溆浦鹅。原产于湖南省溆浦县沅水的支流溆水的沿岸溆浦县，与该县临近的隆口、洞口、新化、安化等县均有分布。溆浦鹅体型较大，体躯略长。公鹅体躯呈长方形，肉瘤明显，颈长呈弓形，前躯丰满而高抬，叫声清脆而洪亮，有较强的护群性。母鹅体躯呈椭圆形，胸宽大于胸深，后躯丰满有皱褶。羽毛主要有白色、灰色两种，但以白色居多。约有 20％的个体枕骨后方着生一簇旋毛，也叫顶心毛。白鹅全身羽毛白色，喙、肉瘤、胫、蹼呈橘黄色；灰鹅颈部、背部、尾部羽毛灰褐色，腹部白色，喙黑色，肉瘤灰黑色。溆浦鹅初生重 122克，30 日龄体重 1.54 千克，60 日龄为 3.15 千克，90 日龄为 4.42 千克，180日龄公鹅体重 5.89 千克，母鹅 5.33 千克。半净膛屠宰率公鹅为 88.7％，母鹅

图 9 雁 鹅

为 87.3％；全净膛屠宰率公、母鹅分别为 80.7％和 79.8％。溆浦鹅产肥肝性能良好，成年鹅填饲 3 周，肥肝平均重 627克，最大肥肝 1.3 千克。肝料比为 1：28。母鹅一般在 7 月龄左右开产，年产蛋量 30 枚左右，平均蛋重 212.5 克。公鹅 6月龄有配种能力，公、母鹅配种比例为 1：3～5，种蛋受精率为 97.4％，受精蛋孵化率为 93.5％。公鹅利用年限为 3～5年、母鹅 5～7 年。母鹅就巢性强，一般年就巢 2～3 次，多的可达 5 次(图 10)。

（5）四川白鹅。产于四川省温江、乐山、宜宾、永川和达县等地，广泛分布于下坝和丘陵水稻产区。目前，在国内主要养鹅地区都有分布。全身羽毛洁白、紧密；胫、蹼橘红色；虹彩灰蓝色。公鹅体型稍大，头颈较粗，体躯稍长，额部有一半圆形的肉瘤。母鹅头清秀，颈细长，肉瘤较小。四川白鹅初生重 71 克，60 日龄体重为 2.48 千克，90 日龄为 3.52 千克。90 日龄上市，

图 10　溆浦鹅

制成"烫皮仔鹅",是产地畅销的禽肉食品。成年公鹅平均体重为 4.3～5 千克,母鹅为 4.31～4.90 千克。母鹅 200～240 日龄开产,年平均产蛋量 60～80 枚,平均蛋重 146 克。公鹅 6 月龄有配种能力,公、母鹅配种比例为 1：3～4,种蛋受精率在 85％以上,受精蛋孵化率在 84％以上。种鹅利用年限为 3～4 年,母鹅无就巢性(图 11)。

(6)浙东白鹅。原产于浙江省东部奉化、象山、定海等县,现广泛分布于浙江省及周边地区,中产区为宁波市。由于其一年四季都能产蛋和繁

图 11　四川白鹅

育，当地群众喜称"四季鹅"。浙东白鹅全身羽毛洁白，约有15％的个体在头部、背部夹杂少量斑点状灰褐色羽毛。前额肉瘤高突，随着年龄的增长肉瘤越来越明显。颌下无咽袋，颈细长。喙、颈、蹼在年幼时为橘黄色，成年以后变为橘红色，肉瘤颜色略浅于喙的颜色。成年公鹅昂首挺胸，鸣声洪亮，好追逐人；母鹅肉瘤较低，性情温驯，腹部宽大而下垂。浙东白鹅初生重86.7克，30日龄体重为1.32千克，60日龄为3.51千克，75日龄为3.77千克。70日龄肉鹅经填肥后，肥肝平均重392克，最大肥肝重600克，料肝比44∶1。公鹅屠宰率为87.5％，母鹅屠宰率为88.1％。肉用仔鹅烫褪毛平均213克，最少125克，最多400克。母鹅在150日龄左右开产，年产蛋量40枚左右，平均蛋重149克，蛋壳白色。公鹅4月龄开始性成熟，母鹅3月龄性成熟，160日龄配种，公、母鹅配种比例为1∶10，采用人工辅助配种可达1∶15，种蛋受精率在90％以上，受精蛋孵化率90％左右。公鹅利用年限为3～5年、母鹅利用时间可长达10年（图12）。

图12 浙东白鹅

（7）扬州鹅。该品种是由扬州大学联合当地几个部门共同选育的新品种。其基础群是太湖鹅，经过多年的系统选育而成。具有耐粗饲、抗病力强、肉质好、仔鹅生长快等优点，在当地饲养较多，而且向华东和中原地区进行推广。扬州鹅前额有半球形肉瘤，瘤明显，呈橘黄色。体躯方圆、紧凑。羽毛白色，分布有黑点，绒质较好。喙、胫、蹼橘红色，眼睑淡黄色,虹彩灰蓝色。公鹅比母鹅体型略大,体格壮,母鹅清秀。雏鹅全身乳黄色。初生重 94 克,成年公鹅 5.57 千克,母鹅 4.17 千克。扬州鹅生长速度快,肉质好,繁殖率高,一般来说 70 日龄的仔鹅可达 3.3～3.5 千克,比太湖鹅生长速度快 27.8%;后代肉质好,肉类蛋白质含量比它的父本高 1%,平均开产日龄 218 天,年产蛋量可达 72～75 枚,蛋重 140 克。公、母鹅配种比例 1：6～7,平均种蛋受精率 91%,平均受精蛋孵化率 88%。公、母鹅利用年限均为 2～3 年(图 13)。

图 13　扬州鹅

12. 大型品种狮头鹅的产地分布、体貌特征和生产性能有哪些特点?

产地分布:狮头鹅是我国唯一的大型鹅种,原产于广东省饶平县溪楼村，现在中心产区为广东省澄海县和汕头市郊。澄海县建立了狮头鹅种鹅场，并且开展了系统的选育工作。由于狮头鹅可以作为肉用仔鹅和肥肝鹅的杂交配套父本，所以分布较广。目前黑龙江、辽宁、河北、陕西、山西、山东等省均有分布。

体貌特征：狮头鹅体躯硕大呈长方形，头大颈粗，喙短而坚实，与口腔交接处有角质锯齿；脸部皮肤松软，眼皮突出呈黄色，眼圈棕黄色；颌下咽袋发达，一直延伸到颈部。头部前额黑色肉瘤发达，向前突出，两颊有对称的肉瘤 1～2 对，成年公鹅和 2 岁以上母鹅的头部肉瘤特征更加明显。从头的正面看，整个鹅头像狮子头，故名狮头鹅。胫粗壮，蹼宽大，均呈橘黄色。背面、前胸及翼羽均为棕褐色，腹面羽毛白色或灰白色。褐色羽毛的边缘颜色较浅，呈镶边羽。

生产性能：成年公鹅体重 10～12 千克，最大可达 17 千克；母鹅体重 8～10 千克，最大可达 13 千克。雏鹅早期生长速度快，初生公鹅体重为 134 克，母鹅为 133 克，在以放牧饲养为主的条件下，30 日龄公鹅体重为 2.2 千克，母鹅为 2.1 千克；60 日龄公鹅体重 5.6 千克，母鹅体重为 5.2 千克；70～90 日龄未经填肥的公鹅体重为 6.18 千克，母鹅体重为 5.11 千克。公、母鹅半净膛屠宰率平均为 82.9%，全净膛屠宰率平均为 72.3%。在良好的饲养条件下，母鹅开产日龄为 160～180天，年产蛋 25～35 枚，可利用 5～6 年，产蛋盛期为 2～4 年。种公鹅 7 月龄可配种，公、母鹅配种比例为 1：5～6，种公鹅可利用 2～4 年，种蛋受精率一般为 70%～80%，受精蛋孵化率为 85%～90%。狮头鹅有良好的肥肝性能。据测定，狮头鹅肥肝平均重为 538 克，最大肥肝重 1 400 克，肝料比 1：40。该品种产蛋量少，觅食力较差，在选育和引种时应加以克服（图 14）。

图 14　狮头鹅

13. 朗德鹅的产地分布、体貌特征和生产性能如何？

产地：朗德鹅原产于法国西南部靠比斯开湾的朗德省，由原来的朗德鹅与图卢兹鹅、玛瑟布鹅杂交而来，是目前世界上最著名的肥肝鹅品种。我国曾于1979年和1986年先后引进朗德鹅的商品代。

特征：朗德鹅体型中等偏大，为典型的灰雁体型，羽毛灰褐色，颈背部接近黑色，胸腹部毛色较浅，呈银灰色，腹下部呈白色。也有部分白色个体或灰白杂色个体。通常，灰羽鹅的羽毛较蓬松，白羽鹅的羽毛紧贴。朗德鹅有咽袋，较小。喙橘黄色，胫、蹼肉包。

生产性能：朗德鹅是在大型图卢兹鹅和体型较小的玛瑟布鹅杂交后代的基础上，经长期选育而成。成年公鹅体重7～8千克，母鹅6～7千克。仔鹅在8周龄时可达4～5千克。雏鹅成活率达90％以上。肉用仔鹅经填饲育肥后，活重达到10～11千克，肥肝重量达 700～800 克，宰杀后胴体重 5 千克以上，是世界上最著名的肥肝专用品种。母鹅在 6 月龄左右开产，产蛋量为 35～40 枚，平均产蛋为 38 枚左右，平均蛋重 190 克。性成熟期 180 天，繁殖率低，产绒量高，每年拔毛 2 次可获绒 350～450 克。朗德鹅一般作为肥肝生产的父本，提高后代的生长速度和产肥肝性能（图 15）。

图 15　朗德鹅

14. 莱茵鹅的产地分布、体貌特征和生产性能如何？

产地分布：莱茵鹅原产于德国莱茵州，是欧洲产蛋数最高的鹅种，现已广泛分布于欧洲各国。在该品种的培育过程中，曾引入埃姆登鹅的血液以提高生长速度，改进其产肉性能。我国南京畜牧兽医站种鹅场于 1989 年由法国引入莱茵鹅，近年来四川、黑龙江等省也引进了莱茵鹅。

体貌特征：莱茵鹅体型中等偏大，头上无肉瘤，眼呈蓝色，颈粗短且羽毛成束。初生雏鹅背面羽毛为灰褐色，从 2～6 周龄逐渐变为白色，成年时全身羽毛洁白，无咽袋和腹褶，喙、胫及蹼呈橘黄色。

生产性能：成年公鹅体重力 5.5～6.5 千克，母鹅为 4.5～6 千克。仔鹅前期增长较快，8 周龄体重达 4.2～4.3 千克，料肉比为 2.5～3.0∶1。成年公鹅体重 5～6 千克，母鹅 4.5～5 千克。莱茵鹅肥肝性能中等偏下，一般填饲条件下肥肝重 350～400 克。我国饲养的莱茵鹅，成活率高达 95％以上，料肉比为 2.7∶1。

莱茵鹅以产蛋量高、繁殖性能好而著称。母鹅性成熟期早，为 210～240 天，年产蛋 50～60 枚，蛋重 150～190 克，公、母鹅配种比为 1∶3～4，受精率平均为 74.9％，受精蛋孵化率为 80～85％。该鹅种是肉鹅生产的优良父本品种，也可作为肥肝生产的母本。莱茵鹅合群性强，适合大群饲养，是理想的肉用鹅种。作为母本，与朗德鹅配种杂交，杂交后代产肥肝性能良好；与奥拉斯鹅杂交，用以生产肉用仔鹅。

三、鹅的繁殖技术与选育

15. 鹅的生长发育一般分为几个阶段？

鹅的生长发育一般分为 3 个阶段：

第一阶段，自然孵化出壳至 30 日龄的苗鹅称为雏鹅。此阶段，雏鹅个体小，消化道容积小，消化能力还不强；绒毛稀，体温调节能力差，既畏冷又怕热；抵抗力差，一旦卫生管理不好，容易患病死亡。雏鹅生长发育阶段是鹅一生中生活力最弱的生理阶段，也是养鹅成败的关键阶段。

第二阶段，30 日龄到 60～70 日龄的鹅称为仔鹅（中鹅和青年鹅）。此阶段，中鹅对外界环境的适应性以及抵抗力都大大增强，消化能力强，是鹅一生中骨骼、肌肉和羽毛生长最快的阶段。在水草丰美的田野牧地放牧饲养，仔鹅能够完全依靠天然饲料来满足其生长的需要，60 日龄左右中鹅羽毛基本长全，并有一定的膘度。体重视品种而异，如我国品种中，小型鹅种太湖鹅已达 2 千克左右，中型鹅种溆浦鹅 3 千克左右，大型鹅种狮头鹅可达 5 千克左右。

第三阶段，70 日龄至产蛋期的鹅称为后备种鹅和种鹅。在 50～60 日龄中鹅鹅群中选择一部分生长发育优良的青年鹅，可作为后备种鹅专门饲养，要适当控制营养水平，以控制鹅的生长。种鹅阶段，鹅的生长速度减慢。我国的鹅种成熟早，公鹅性成熟期多在 5 月龄即在第二次换羽结束后，母鹅性成熟期一般在 7～8 月龄即早春孵化出的雏鹅至秋季即可配种。过早配种，将导致公鹅发育不良，受精率低。我国的鹅种，当年孵出的母鹅能在当年产蛋和孵化，但留种母鹅的生产表现最好是在 3 岁左右，到 5～6 岁以后，生产性能即逐渐降低。此时，应淘汰那些繁殖年龄已过或生产性能降低的种鹅。

16. 鹅的繁殖规律和特点有哪些？

（1）季节性。鹅繁殖存在明显的季节性，绝大多数品种在气温升高、日照延长的 6～9 月份间，卵黄生长和排卵都停止，接着卵巢萎缩，一直至秋末天气转凉时才开产，也就是一般从当年的秋季（9～10 月份）开始至翌年的春季（4～5 月份）为其产蛋高峰期，也就是冬春两季。

（2）就巢性。又称"抱性"，是增加休产时间的一个重要方面。我国鹅种都有很强的就巢性。在一个繁殖周期内，每产一窝蛋（8～12 枚）后，就要停产抱窝，直至小鹅孵出。这是导致种鹅产蛋量低的重要原因。在我国鹅种中，仅四川白鹅、昌图豁眼鹅、太湖鹅和籽鹅几乎没有就巢性。

（3）择偶性。公、母鹅有固定交配的习性。据测定，有的鹅群中的 40％母鹅选定 1 只公鹅和 22％的公鹅选定 1 只母鹅进行交配，这与家鹅是由单配偶的野雁驯化而来的有关。小群饲养时，每只公鹅常与几只固定的母鹅交配，当重新组群后，公鹅与不熟识的母鹅互相分离，互不交配，这在年龄较大的种鹅更为突出。有的鹅失去配偶后，常会表现极度忧郁，甚至绝食，有的直到死亡也不另择配偶，这一特性严重影响受精率。因此，组群要早，让它们年轻时就生活在一起，产生"感情"，形成默契，提高受精率。

（4）迟熟性。鹅是长寿动物，在家禽中鹅的寿命最长，可存活 20 年以上，因此鹅的成熟期和利用年限都比较长。一般中小型鹅的性成熟期为 6～8 个月，大型鹅种则更长。一般中小型鹅种从出生到性成熟要 7 个月左右，大型鹅则要 8～10 个月。

17. 怎样选择理想的留种季节？

每年的春季是最理想的留种季节，其原因主要有以下两方面：①多数鹅种的性成熟时间是 6～8 个月，此时留种，种鹅正好在下半年的 8～9 月份开产，此时市场上出售的鹅苗少，雏鹅价格高。②春季气温逐渐升高，春草萌发，为雏鹅的生长发育提供了良好的环境条件和青绿饲料，雏鹅的成活率高，体质健壮；在育成鹅期间又有夏季的小麦、油菜茬地和秋收后的水稻田等放牧场地，有利于种鹅的生长发育，同时饲料成本低。因此，春孵鹅本身和后代的肉用性能和产蛋性能均较好。在我国，不同地区气候差异较大，因此在留种时间上也略有差异，大部分地区在每年的 12 月份至次年 2 月份留种较适宜，北方地区留种的最佳时间应在 4 月份左右，而南方的广西、广东等地在 3～4 月份留种较为适宜。

18. 选择种鹅的方法有哪些？

（1）根据鹅的体形外貌与生理特征选择。种鹅的外貌、体形结构和生理特征反映出各部生长发育和健康状况，可作为判断生产性能的参考。这种选种方法适合于一般不进行个体生产性能记录的种鹅繁殖场。外貌选择首先要符合品种特征，其次要考虑生产用途。如产蛋量高的小型鹅，母鹅要求是：头部清秀，颈细长，眼大而明亮，胸饱满，腹深，臀部丰满，肛门大而圆滑，脚稍高，两脚间距宽，蹼大而厚，羽毛紧密，两翼贴身，行动灵活而敏捷，觅食力强，肥瘦适中，皮肤有弹性，两耻骨间距宽，末端柔薄，耻骨与胸骨末端的间距宽阔，胫、蹼和喙的色泽鲜明。公鹅要求体形大，喙紧齐平，眼大有神，头颈比母鹅粗大，胸深而挺突，体躯向前抬起，脚粗稍长而有力，蹼厚大，举止雄壮稳健。公鹅选种时要注意其阴茎是否发育不良或有缺陷。

（2）根据个体表型值进行选择。个体选择时，有的性状应向上选择，即数值大代表成绩好，如产蛋量、增重速度；有的性状应向下选择，即数值小代表成绩好，如开产日龄等。个体选择适用于遗传力高、能够在活体上直接度量的性状，如日增重、饲料利用率等。即使同一性状，公、母鹅选种方法也不尽相同，如产蛋性状，母鹅用性能测定法，公鹅用同胞测定法。

（3）根据记录资料的选择。单靠体形外貌和生理特征的选择，难于准确地选出具有优良性能、并能把优良性状真实遗传给后代的种鹅，特别是遗传力低的性状更是如此。因此，育种场必须做好主要经济性状的成绩记录工作，并利用这些资料采用适当的选择方法选种。如根据系谱资料、本身成绩、同胞成绩、后裔成绩等资料进行选种。

（4）根据孵化季节进行选留种鹅。由于孵化季节不同，孵出的雏鹅对以后个体的发育和生产性能影响很大。早春孵出的仔鹅，由于气候环境逐渐转暖，日照时间长，育雏条件好，待育雏结束后，脱温的仔鹅逐渐有了较好的发育条件，生长发育快，体质健壮，因而体形大，开产早，有的品种或个体在当年就可产蛋。我国疆域辽阔，气候条件复杂，因此各地在选种季节上也略有差异。

（5）根据公鹅性器官的发育和精液品质选留。公鹅的性器官发育不一致。有的公鹅阴茎发育不全，细而小。阴茎发育好的公鹅，个体间精液量和精液品质也存在差异。选留公鹅时，开始应多留一些后备种公鹅，而后再根据公鹅的配种能力进行定群选留。选留的数量，自然交配时，可按公、母鹅配比1∶4～8选留；人工授精时，可按公、母鹅配比1∶10～15选留。

19. 鹅的配种方法有哪几种？

（1）自然交配。将选择好的公鹅按比例放到母鹅群中，让其自由交配。有 3 种方式,大群配种、小群配种和个体单配。大群配种即在一定数量的母鹅群中,按比例配以一定数量的种公鹅,让其进行自由交配。这种方法多在农村种鹅群或鹅的繁殖场采用。小群配种即按不同品种的最适配种比例,1 只公鹅与适量的母鹅组成一个配种小群进行配种。这种方法在育种场常用。个体单配是公、母鹅分养在个体栏中,配种时,1 只公鹅与 1 只母鹅配对配种,定时轮换。这种方法有利于克服鹅与鹅的固定配偶的习性,提高配种比例和受精率,可以充分利用特别优秀的公鹅。

(2) 人工辅助配种。实质还是自然交配,只是在孵化繁育季节,有的公鹅因体形大或行动笨,自然交配比较困难时,人工辅助一下,主要是保定母鹅,便于公鹅交配。其具体做法是:先把公、母鹅放在一起,让其彼此熟悉,并进行配种训练。待建立起交配的条件反射后便可进行配种。配种时把母鹅按压在地上,腹部触地,头朝向操作人员,尾部朝外,公鹅就会前来爬跨母鹅配种。操作人员也可蹲在母鹅左侧,双手抓住母鹅的两腿保定,公鹅爬跨到母鹅背上,用喙啄住母鹅头顶的羽毛,尾部向前下方紧压,母鹅尾部向上翘,其生殖器互相接触,公鹅阴茎插入母鹅阴道并射精。公鹅射精离开后,操作人员应迅速将母鹅泄殖腔朝上,并在周围轻轻压一下,促使精液往阴道里流。这种配种方法能有效地提高种蛋受精率。

(3) 人工授精。在公、母鹅配种过程中,不让其自行交配,而是用人工按摩的方法获得公鹅精液,然后借助输精器将精液输送到母鹅的阴道内,让其受精。早上输精受精率高,鹅的人工授精宜在早上进行。这种方法可以提高优良种公鹅的利用率,提高种蛋受精率和孵化率;扩大公、母比例,使原来的比例提高 2~3 倍,从而节省大量的饲料,充分利用优良种公鹅的配种能力和使用年限;预防生殖器官传染病;当品种间杂交时,可以克服因体形大小悬殊而影响交配的困难和繁殖季节不同等问题。

20. 为什么要选择鹅的配种年龄和公、母鹅比例?

适时配种能发挥种鹅的最佳效益。公鹅配种年龄过早，不仅影响自身的生长发育，而且受精率低；母鹅配种年龄过早，种蛋合格率低，雏鹅品质差。中国鹅种的适龄配种期，公鹅一般控制在 12 月龄、母鹅 8 月龄左右可获得良好效果。特别早熟的小型品种，公、母鹅的配种年龄可适当提前。

公、母鹅配种比例适当与否直接影响种蛋的受精率。配种的比例随鹅的品种、年龄、配种方法、季节及饲养管理条件不同而有差别。在生产实践中，公、母鹅配种比例要根据种蛋受精率的高低进行调整：水源条件好，春、夏和秋初可以多配；水源条件差，秋、冬季则适当少配；青年公鹅和老年公鹅可少配，体质强壮的适龄公鹅可多配；在良好的饲养管理条件下，种鹅性欲旺盛，可以适当提高配种比例。

21. 如何进行鹅人工授精技术的操作?

（1）进行公鹅的采精。采精一般于早晨放水前进行，采精前不能让公鹅吃得太饱。一般隔天采精 1 次，急需情况下相隔时间不少于 6 小时。具体操作方法有：①电刺激法：采用专用的电刺激采精仪产生的电流刺激公鹅射精的一种采精方法。②假阴道法：采用台禽对公鹅诱情，当公鹅爬跨台禽伸出阴茎时，迅速将阴茎导入假阴道内而取得精液。③台禽诱情法：将母鹅固定于诱情台上，然后放出经调教的公鹅，公鹅会立即爬跨台禽，当公鹅阴茎勃起伸出交尾时，迅速将阴茎导入集精杯而取得精液。④按摩法：采精员手掌面紧贴公鹅的背部，从翅膀根部向尾部方向有秩序地进行按摩。

（2）精液的稀释和保存。在精液中加入稀释液可以冲淡或螯合精液中的有害因子，有利于精子在体外存活更长时间。在精液的稀释保存液中添加抗菌药物防止细菌繁殖。精液稀释时，切不可将几只公鹅的精液混合共同稀释，因几只公鹅精液混合稀释后常出现精子凝集现象，使精液品质下降，种蛋受精率降低。另外，集精杯应用一种比它稍大的烧杯盛着，烧杯内注入 40℃ 温水，特别在冬天时，这样可给精液保温。

(3) 母鹅的输精。常用的方法有以下两种：①直接插入法：保定母鹅，并消毒泄殖腔周围，轻轻向下压迫泄殖腔下缘，并把母鹅尾羽拨向背侧，使泄殖腔开张。输精人员将吸有精液的输精器直接插入母鹅生殖道内进行输精，然后轻轻拔出。②手指引导法：母鹅的保定和操作方法如上。只是输精时，先以消毒后的食指插入母鹅阴道内，然后把输精器顺食指伸入 5～6 厘米，抽出食指后，再进行输精。操作时，一定要注意手指的消毒。

总之，人工授精时要保持精液品质不下降，精液采集后应尽快使用。同时要防止精液受到污染，并注意不要使精液受到阳光直射。输精操作要缓慢稳当，不可操之过猛，以免损伤母鹅生殖道。

22. 正常的精液标准如何？

(1) 外观。正常的精液外观呈乳白色，无异物，无异味、不透明的液体。质量差的精液较稀薄，透明液多。混入血液是粉红色，被粪便污染的精液呈黄褐色，尿液混入精液呈白色棉絮状。凡是质量差和被污染的精液都不能用于人工授精。

(2) 精液量。射精量随品种、年龄、季节、个体差异和采精操作熟练程度而有较大变化。公鹅平均射精量为 0.1～1.5 毫升。要选择射精量多、稳定正常的公鹅使用。

(3) 精子活力。精子活力的测定是用显微镜观察直线运动的精子所占的比例来进行的，分别用 1～9 级表示。为便于观察，可用 5.7%葡萄糖液对原精液进行 1：1 稀释，显微镜下有几成精子作直线运动，就定为几级。级别越高，精子活力越大，受精率越高。我国鹅种精子活力达 5 级以上，才能进行人工授精，外国鹅种要达 4 级以上。在显微镜下，活力在 8 级以上的精液，呈云雾状，几乎看不清个体的形态；7 级呈旋涡状，运动速度较快；6 级呈旋涡状但速度较慢；5 级呈流水状；3～4 级看不到精子的整体运动状态；1～2 级只见少部分精子的直线运动。

（4）精子密度。计算精子密度较为准确的方法是用血球计数板在显微镜下作精子计数。公鹅的精子密度一般为每毫升 1 亿～25 亿个精子。我国鹅种精子密度，以每毫升的含量计，太湖鹅 1 岁时 9.31 亿个，2 岁时 17.2 亿个；豁眼鹅 2 岁时 8.88 亿个；浙东白鹅 2 岁时 5.56 亿个；狮头鹅 2 岁时 5.6 亿个。精子密度是衡量精液品质的指标，同时也是决定精液稀释倍数的依据。

23. 如何进行种鹅反季节繁殖？

鹅在传统的饲养方式下，繁殖活动呈现强烈的季节性，表现为从每年的 7～8 月份进入繁殖期，到次年的 3～4 月份进入休产期。公鹅在母鹅休产的季节，表现为生殖系统萎缩、精液品质严重下降等。通过人工光照制度、饲料营养、温度及活拔羽绒等技术措施，可使种鹅在非繁殖季节产蛋、繁殖，称为反季节繁殖。这是一项通过环境控制调整鹅繁殖季节和周期的技术。

（1）选择好投苗时间。种鹅的第一个产蛋年开始的时间与品种的关系密切。例如，四川白鹅 180 日龄左右开产，朗德鹅 230 日龄左右开产。因此，要使白鹅在 4 月份开产，6 月龄开产的品种应在上一年 11 月份出壳的鹅中留种，朗德鹅则应在 8 月份出壳的鹅中留种，其他品种依开产年龄类推。

（2）设计好光照程序。实现鹅反季节繁殖的最关键因素是调整光照程序。例如，在冬季延长光照，在 12 月至次年 1 月夜间补充人工光照时间，加上白天自然光照，使一天内鹅经历的总光照时间达到每天 18 小时。用长光照处理 75 天后，将光照缩短至每天 11 小时的短光照，鹅一般于处理后 1 个月左右开产，并在1 个月内达到产蛋高峰。在春、夏继续维持短光照制度至 12 月份，此时再把光照延长到每天 18 小时，就可以再次诱导种鹅进入反季节繁殖期。

（3）其他的配套技术。①鹅舍的要求，鹅舍必须完全阻断外界阳光进入鹅舍，窗户、天窗、通风口都不要透光。要有良好的通风系统，保证高温季节的降温。②营养要求。在夏季，产蛋鹅饲料中应加入多种维生素、碳酸氢钠或其他抗热应激类饲料添加剂，以增强母鹅的体质，缓解热应激的不良影响。③在 12 月份开始长光照后，改用育成期饲料，降低饲料营养水平，多使用青绿饲料，促进母鹅停产换羽。此时，可安排一次活拔羽绒，使鹅迅速进入休产期。④从统筹管理的角度，可以多批种鹅搭配饲养。在秋季，推迟种鹅进入繁殖季节，但不采用人工控制技术，使种鹅完成一个正常的繁殖周期，使繁殖季节结束的时间发生在次年夏季；同时，适当的将另一群种鹅的繁殖季节比正常情况提前 2 个月发生。这样，可以在一年中进行种鹅的均衡生产和雏鹅的全年均衡供应。

24. 如何做好鹅的种蛋管理工作？

做好种蛋的管理，能提高入孵蛋的质量，防止疫病传播，提高种蛋的孵化率、雏鹅的成活率，对养鹅业整体效益至关重要。因此，做好种蛋的管理工作，应从以下几方面入手：

（1）种蛋的收集。勤收种蛋可尽量保持胚胎发育的一致性，便于出雏的同步，减少孵化率的下降。尽快收蛋和消毒，可避免壳外粪便或微生物的污染，提高孵化率。产蛋箱内垫料要铺足，并保持清洁干燥。种鹅群在进入产蛋季节前，就应在鹅棚附近搭建产蛋棚，棚内用软草等垫料铺设产蛋窝，诱使母鹅在产蛋棚中集中产蛋，减少破损和污染。母鹅产蛋多集中在凌晨至上午9点以前，种鹅应在上午产蛋基本结束后才开始放牧，对在窝内待产的母鹅不要强行赶出圈放牧。收集种蛋于放牧出圈后进行，鹅群饲养人员不要频繁进出圈舍，视鹅群大小每日集中捡蛋2~3次即可。种蛋收集后，马上进行熏蒸消毒，具体方法后述。

（2）种蛋的选择。蛋的品质对孵化率和雏鹅的质量有很大的影响，因此，孵化前应按照种蛋的要求严格选择。①外观检查。主要对蛋的重量、蛋形和蛋壳进行检查。不同品种蛋重差异较大，鹅蛋的蛋重范围在120~200克。对同一品种来说，应选中等大小的种蛋进行孵化。过大的蛋孵化率较低，过小的蛋雏鹅体型小，影响成活率和生长速度。出壳体重一般为蛋重的60%~70%。正常的鹅蛋呈椭圆形，过长、过圆、腰鼓形、橄榄形都属于不正常的蛋形。据统计分析，蛋形指数在1.4~1.5范围内，孵化率最高（88.2%~88.7%），健雏率最好（97.8%~100%）。选择蛋壳厚度在400~500微米的种蛋入孵，蛋壳过厚或质地过硬，孵化时受热缓慢，水分不易蒸发，气体交换不畅，雏鹅破壳困难。蛋壳过薄或钙质沉淀不均匀，孵化时水分过度蒸发、失重过多，造成胚胎代谢障碍。②照检。光照检查时，应以气室小、蛋黄清晰、蛋白浓度均匀、蛋内无异物为标准选择种蛋，不选有裂纹、血斑和肉斑的蛋、陈蛋以及蛋黄颜色呈灰白色、暗黑色或蛋黄上浮、散黄、贴黄等的蛋。

（3）种蛋的保存应建有专用的种蛋库。禽胚胎发育的临界温度为23.9℃，超过这个温度胚胎就会恢复发育。温度过低（如0℃），虽然胚胎发育仍处于静止休眠状态，但胚胎的活力下降。最佳保存温度是13~16℃，相对湿度保持在75%~85%为宜。湿度过高容易发霉。种蛋库要保持良好的通风，清洁无气味。种蛋保存时间与孵化率成反比，种蛋允许的贮存期为 10 天，最好控制在 3～5 天，不宜超过 7 天，超过 7 天必须每天定时翻蛋 1～2 次。长期保存后，蛋白本身的杀菌能力会急剧降低，水分蒸发多引起系带和蛋黄膜变脆，酶的活动使胚胎衰老，蛋内营养物质变性，蛋壳表面细菌繁殖波及胚胎。种蛋最好放在内侧壁带有缝隙的蛋箱里，不能密闭堆放在柜子里，如果特殊情况需要较长期地保存种蛋，则可将种蛋用质地柔软不透气的塑料袋装好，里面填充氮气，密封后放在蛋箱内，这样可阻止蛋内物质的代谢和病原微生物的侵入与繁殖，防止蛋内水分过分蒸发。

（4）种蛋的运输。种蛋最好采用专用种蛋箱或塑料蛋托盘包装。种蛋箱和蛋托盘必须结实，能承受一定的压力。种蛋箱内每层都要有用纸板做成的蛋格，层与层之间要用纸屑等软物垫隔。以一个种蛋箱放 200 枚种蛋为宜。种蛋装箱时必须每箱装满，且应大头朝上或平放，尽量排列整齐，以减少种蛋在运输过程中的破损率。运输种蛋的工具要求快速、平稳、安全，在运输过程中，不可剧烈颠簸，同时要注意避免日晒雨淋，影响种蛋品质。在夏季运输时，要有遮阳和防雨设备，冬季运输应注意保温。装卸时要轻装轻放，严防强烈震动。种蛋运到目的地后，立即开箱检查，剔除破损蛋，进行消毒，尽快入孵。

25. 鹅种蛋常用的消毒方法有哪几种？

鹅蛋产出后，极易受垫草、粪便等污染。据测定，刚产出的鹅蛋蛋壳上有 300～500 个细菌，15 分钟后细菌数量增至 2500～3000 个，1 小时后达到 2 万～3 万个。种蛋被严重污染后影响孵化率。因此，种蛋收集后应在半小时内进行消毒，否则细菌会通过蛋壳的气孔进入蛋内，影响孵化率和雏鹅品质。常用的消毒方法有：

（1）浸泡法。将种蛋浸入消毒液中 1～2 分钟，取出晾干后入孵或装盘存放。浸泡消毒法适用于入孵前种蛋的消毒。采用的消毒液有浓度为 0.02％的高锰酸钾溶液、0.1％的碘溶液、0.1％的新洁尔灭溶液、0.025％的季铵盐溶液、0.01％的二氧化氯溶液。浸泡液的温度通常要略高于蛋温，夏季尤其要注意这个问题。因为当种蛋浸入比自身温度低的消毒液中时，种蛋会因受冷使内容物收缩而形成负压，使蛋壳表面的微生物通过气孔进入蛋内，从而使孵化效果受到影响。使用此法消毒过的种蛋蛋壳上的胶护膜会受到不同程度的损伤。

（2）喷雾法。将配制好的消毒液装入喷雾器，直接喷洒到种蛋表面消毒。采用的消毒液有浓度为 0.1％的二氧化氯溶液、0.1％的新洁尔灭溶液、0.02％的季铵盐溶液。适用范围同浸泡消毒，喷雾时要注意喷到每个种蛋表面。药液蒸发后可入库保存或入孵。

（3）熏蒸法。福尔马林熏蒸法是目前应用最广的消毒方法，效果好，操作简单，种蛋在消毒室内和孵化机内都可应用。具体操作为：先将福尔马林液（40％甲醛溶液）倒入容器中，再将用厚纸包好的高锰酸钾晶体放入福尔马林药液中让其反应。每立方米空间福尔马林液 30～40 毫升，高锰酸钾 15～20 克，熏蒸20～30 分钟，然后用换气扇等排出气体。此法消毒效果好，杀菌能力强，能杀死蛋壳表面的细菌、病毒和芽孢。消毒时室内温度最好控制在 24～27℃，相对湿度最好控制在 75％～80％范围内。由于高锰酸钾与福尔马林反应强烈，产生的气体具有刺激性，所以在使用时必须注意防护，避免被熏伤、烫伤或吸入该气体。在孵化器内进行消毒时，应避开 24～29 小时胚龄的胚胎。如蛋表面沾有粪便或泥土时，必须先清洗干净，否则会影响消毒效果。

（4）紫外线照射法。将种蛋放在紫外线灯下 40 厘米处，开灯照射 1～2 分钟，然后翻蛋再照射 1～2 分钟即可。这种方法不用消毒药品，但比较麻烦，必须保证紫外线照射到蛋壳任何部位，在生产中很少应用，适合少量种蛋的消毒。

26. 如何选择适宜的种蛋孵化条件？

种蛋孵化需要依赖外界环境条件提供适宜的温度、相对湿度、通风、翻蛋、凉蛋等才能完成。为使胚胎发育正常，取得良好的孵化效果，必须提供适宜的孵化条件。

（1）温度。温度是决定胚胎生长、发育和生活力的最重要条件。人工大批孵化鹅蛋时，要做到所有种蛋受热均匀。鹅蛋较大，单位重量的表面积较小，散热较慢，孵化温度比鸡胚、鸭胚低一些。孵化过程中给温标准受多种因素影响，如地域、孵化器类型、品种、蛋壳质量、蛋重、保存时间、入孵蛋数量等，为此应结合实际情况，在给温范围内灵活掌握运用。一般鹅胚胎发育的温度范围为 36.9～38℃。发育初期，幼小的胚胎还没有调节体温的能力，需要较高且稳定的温度；发育后期，由于产鹅蛋黄脂肪代谢加速，产热较多，常采用前高后低的变温孵化法。孵化初期胚胎内物质代谢处于初级阶段，产热较少，此时需要比较稳定和稍高的温度，一般在 15℃室温下，需 38℃左右；孵化中期，随着胚胎的发育，体内产热逐渐增加，孵化温度应适当降低；到孵化后期，胚胎产生大量体热，需要更低一些的温度，在 36.9～37.2℃。

（2）相对湿度。湿度是影响鹅蛋孵化率的第二个重要因素。合适的湿度可以控制蛋内水分合理蒸发，使鹅胚能够正常发育，孵化后期增加湿度有利于雏鹅破壳。水分蒸发快，容易造成绒毛与蛋壳膜粘连现象。特别在使用有风机的大型孵化机时，空气流通快，蛋内水分容易蒸发，如不掌握机内湿度，就会影响孵化效果。孵化的不同阶段对相对湿度的要求不同，基本控制原则是"两头高，中间低"。孵化前期，胚胎要形成大量羊水和尿囊液，机内温度又较高，所以相对湿度需要大一些。一般前 10 天的相对湿度控制在 65%～70%；中间 10 天，为了排除羊水和尿囊液，相对湿度可降至 55%～60%；孵至后 10 天，为了防止绒毛粘连，要将相对湿度提高到 70%～75%。

（3）通风换气。胚胎在发育过程中，要不断进行气体交换，吸进氧气，排出二氧化碳。孵化初期，胚胎的物质代谢能力较低，需要氧气较少，随胚龄增大，尿囊发育，呼吸量逐渐增加，孵至最后两天，胚胎开始用肺呼吸，吸入的氧气和呼出的二氧化碳比孵化初期增加 100 多倍。因此，随着鹅胚龄的增加，要逐渐加大通气量，后期加大通气量还有利于散热。在孵化初期将孵化器通风孔全部关闭有利于保温，从孵化第 8 天开始逐渐将通风孔打开，到第 18 天全部打开，后期结合凉蛋来加大通气量。同时，要注意孵化室的通风效果要好。一般孵化机内风扇的转速为 150～250 转/分，每小时通风量以 1.8～2.0 米³ 为宜，氧气含量不能低于 20%，二氧化碳的含量在 0.3%～0.5%，最高允许量为 1.5%。当孵化机内二氧化碳含量超过 1.5%时，胚胎发育迟缓，死亡率增高，出现胎位不正和畸形等现象。

（4）翻蛋。为了防止胚胎与蛋壳粘连，使胚胎各部受热均匀，促进胚胎运动和气体代谢，有利于营养吸收，鹅蛋在孵化过程中要定时转动，变换位置。每天翻蛋 8～12 次，不能少于 4 次。整个孵化期中，前期和后期的翻蛋次数不同，前期翻蛋次数要多些，开始第一周特别重要，应适当增加翻蛋次数，而孵至最后 3～4 天，则可停止翻蛋。翻蛋角度以正负 45°角为宜。采用立体箱式孵化，每 2 小时自动翻蛋 1 次，通过调节蛋盘角度来完成。摊床或火炕孵化，每天进行 2 次翻蛋，心蛋和边蛋对调。到孵化后期 28 天以后，特别是出壳前几天可不再翻蛋。

（5）凉蛋。鹅胚孵化后期产热较多，散热缓慢，要通过凉蛋来降低蛋温，否则鹅胚会由于自身产热过多而烧死。凉蛋的目的是帮助胚胎散发热量，促进气体代谢，改善血液循环，增强胚胎调节体温的能力，从而提高孵化率和雏鹅的品质。通常鹅蛋孵化到 14 天就开始凉蛋，每天上午、下午各 1 次，每次 30～40 分钟，不少于 15～20 分钟。从第 25 天起增加凉蛋次数。夏季凉蛋时蛋温不易下降，可将 25～30℃的温水喷在蛋面上。如果胚胎发育较慢，可推迟 1～2 天凉蛋，或减少凉蛋次数和每次凉蛋时间；发育过快，则可提前凉蛋或增加凉蛋的次数和时间。箱式孵化时，关闭机内热源，风扇启动，机门打开；后期间隔将蛋盘抽出，置于机外凉蛋，或将蛋架车拉出机外。炕孵将覆盖物掀起进行凉蛋，每次凉蛋时间 20～60 分钟，到用眼皮感觉蛋壳温而不凉即可，蛋温为 30～32℃。凉蛋时可将 20℃左右的水装入喷雾器，均匀喷洒到蛋的表面效果更佳，而且在孵化后期凉蛋必须进行喷水，以增湿降温。

27. 机器孵化法的优点和注意事项有哪些？

机器孵化法的主要特点是电力供温，仪表测温，自动控温，机械翻蛋与通风。整个孵化过程在孵化机内完成。机器孵化批量大，易消毒，好操作，省劳力，破损率低，孵化率高。如果机摊结合，还省能源。

机器孵化在孵化前要做好以下几方面的工作：①孵化室的准备。孵化室在使用前要先清扫、消毒，通常与孵化机的消毒同时进行。为防止临时停电对孵化造成影响，应备有专门的发电机等，易损的电子元件、电动机等配件也应配备齐全，以防万一。②孵化机检查。为避免在孵化中发生机械、电气、仪表等故障，使用前要全面检查，包括电热、风扇、电动机、密闭性能、调控系统和温度计等。无论是新孵化机还是用过的孵化机，都应检查。③孵化机试运转。首次使用前的试运转时间不少于 1 小时，以后每次使用前的试运转时间不少于半小时。试运转后即进行试温，试温时将已检验一致的温度计或多探头测温计放在孵化机的不同部位，将孵化机运行 1～2 天，检查各部位的温差和机器运转是否正常。④种蛋的预温。将种蛋先放到孵化室中（24℃左右）12小时左右再入孵，可避免种蛋直接从贮蛋室（15℃左右）直接进入孵化机中（37.8℃左右）而造成结露水现象（俗称"出汗"）。

孵化机正常运转以后，要做好日常管理工作，包括：注意温度的变化，观察调节器的灵敏度；注意检查机器的运转情况；做好日常记录，以便分析孵化效果。

28. 什么是自然孵化法？

自然孵化法是利用天然的就巢性孵化繁殖后代的一种方法，仅是一种适合自给自足小生产的一种孵化方法，具有设备简单、费用低廉、管理方便、效果较好的特点，在一些交通不便、能源缺乏而不具备人工孵化条件的地方仍不失为一种有效的方法。

自然孵化法要选择就巢性强、产蛋1年以上，已有孵化习惯的母鹅。孵化前要准备孵化巢，巢内垫草要干净柔软，底部要呈锅形。入孵前2～3天，要观察母鹅孵蛋的变化，站立不安、经常进出或啄打其他就巢母鹅的必须及时剔除。一般晚上将孵蛋母鹅放入孵化巢内，这样有利于母鹅安静孵化。为了提高孵化率或出雏整齐率，必须人工辅助翻蛋。通常每天定时翻蛋2～3次。翻蛋时，将巢中心的蛋放到巢的四周，把四周的蛋转移到中心。在翻蛋的同时，整理巢内的垫草，凡是被粪便污染的必须及时更换。如发现破蛋也应该剔除。按照看胚施温技术要求的时间和方法进行定期照蛋，一般照蛋2～3次。通过照蛋，及时剔除无精蛋、死胚蛋等；照蛋后要及时并巢，多余的母鹅可以入孵新蛋，或催醒让其产蛋。孵化到28天的时候，要注意雏鹅的啄壳和出雏，及时将已出壳的雏鹅捡出，以免被母鹅踩死。如果雏鹅啄壳较久而未能出壳，可进行人工助产，即将鹅蛋大头的至壳撬开，把雏鹅头轻轻拉至壳外，让其在空气中直接呼吸，鹅体仍留在蛋壳内。待头部的绒毛干后，雏鹅便能自己挣扎出壳，或将其拉出壳外。助产时如有出血现象，应立即停止，等待一段时间再处理。出雏完毕后，应及时打扫、清理和消毒孵巢。

29. 初生雏鹅的雌雄鉴别方法有哪些？

（1）外形鉴别法。一般情况雄雏体格较大，身子较长，头大颈长，眼较圆，翼梢无绒毛，腹稍平，站立较直；雌雏体格较小，身子短圆，头小颈短，眼椭圆形，翼梢有绒毛，腹下垂，站立时身体倾斜。雄雏受惊动叫声高、尖、清晰；雌雏叫声低、粗、沉浊。

（2）翻肛法。在胚胎发育初期，雌雄雏鹅都有生殖突起。但雌雏的生殖突起在胚胎发育后期开始退化，出壳后已完全消失。少数雌雏退化的生殖突起仍有残留，但在组织形态上与雄雏的生殖突起仍有较大差异。因此，根据生殖突起的有无或突起的组织形态差异，可进行雌雄鉴别。将雏鹅握于左手掌中，用左手的中指和无名指夹住颈部，使其腹部向上，然后用右手的拇指和食指放在泄殖腔两侧，轻轻翻开泄殖腔。如果在泄殖腔口见有螺旋状的突起（阴茎的雏形）即为公鹅；如果看不到螺旋状的突起，只有三角瓣形皱褶，即为母鹅。

（3）捏肛法。因水禽雄雏具有伸出的外部生殖器官，翻开肛门即可见到 0.3~0.5 厘米的阴茎，容易准确判别，所以可用捏肛法。以左手拇指和食指在雏鹅颈前分开，握住雏鹅；右手拇指与食指轻轻将泄殖腔两侧捏住，上下或前后稍一揉搓，感到有一个似芝麻粒或油菜籽粒大小的小突起，尖端可以滑动，根端相对固定，即为公鹅的阴茎；否则为母鹅。初学时可多捏几次，但用力要轻，更不能来回搓动，以免伤其肛门。此方法是鉴别水禽雌雄的传统方法，操作速度快，准确率高。

（4）顶肛法。具体操作方法是将雏鹅握在左手掌中，用中指和无名指夹住鹅的颈部，将其固定，头向外，腹朝上，呈仰卧姿势，然后用右手大拇指和食指挤去胎粪。再用右手中指从鹅的肛门下端部位轻轻往上一顶，如果是雄雏鹅，可感到有芝麻大小的突起者，长约为 0.5 厘米；而雌鹅无此感觉，较易鉴别。此方法要求轻巧保定与顶肛，否则对雏鹅有伤害，但对初学者较易掌握。顶肛法比捏肛法难于掌握，但熟练后速度较快。

（5）羽毛鉴别法。这种方法不是适合于所有的鹅种。一般有色羽毛的鹅，如灰羽鹅，雄雏的羽色总比雌雏要浅一些。

30. 如何进行孵化效果的分析？

（1）对胚胎死亡原因进行分析。在孵化期，胚胎死亡存在两个高峰期，第一个高峰在孵化前期，死胚率约占全部死胚数的15%，这一时期，胚胎生长迅速、形态变化显著，各种胎膜相继形成但作用尚未完善。胚胎对外界环境变化很敏感，稍有不适，胚胎发育便受阻，引起夭折。种蛋用过量甲醛熏蒸也会增加死亡率。第二个死亡高峰在孵化后期，约占全部死胚数的50%，这一时期，胚胎正处于从尿囊绒毛膜呼吸到肺呼吸的过渡时期，胚胎生理变化剧烈，对孵化环境要求高，若通风换气、散热不好，会造成胚胎的死亡。另外，种蛋放置时不是大头向上，也会使胎雏姿势异常而不能出壳。

（2）对影响孵化效果因素的分析。影响孵化成绩的主要因素是种鹅质量、种蛋管理和孵化条件三大方面，种鹅的质量和种蛋管理决定入孵前的种蛋质量，是提高孵化率的前提。外部影响因素主要有种鹅饲料营养和孵化技术。营养缺乏造成的影响表现较慢，但持续时间长，为了能够及时找到影响原因，必须从孵化效果分析出具体原因，然后结合孵化记录和种鹅的健康情况及产蛋情况，采取有效措施。孵化技术或疾病造成的影响一般是突发性的，采取措施可以较快恢复。

因此，分析种蛋孵化效果，了解胚胎发育情况和胚胎死亡原因，可及时采取正确措施来提高孵化率。

四、鹅的营养与饲料

31. 鹅的营养需要有哪些?

鹅的营养需要包括用以维持其健康和正常生命活动的维持需要,以及用于产蛋、长肉、长羽、肥肝等生产产品的营养需要,主要包括蛋白质、能量、矿物质、维生素和水等。

(1) 蛋白质。蛋白质是生物机体的重要成分,也是组成酶、激素的主要原料之一,是维持生命的必需养分,并且不能由其他物质代替。鹅对蛋白质的要求没有鸡、鸭高,其日粮蛋白质水平变化没有能量水平变化明显,但是,蛋白质对于鹅,尤其是雏鹅还是很重要的。在通常情况下,成年鹅饲料的粗蛋白质含量控制在15%左右为宜,能提高产蛋性能和配种能力。雏鹅日粮粗蛋白质含有20%就可保证最快生长速度,因此提高日粮粗蛋白质水平,对于肉鹅6周龄以前的增重有促进作用,以后各阶段粗蛋白质水平的高低对增重没有明显影响。

(2) 能量。鹅的一切生理过程都需要能量保证。能量的主要来源是碳水化合物及脂肪,同时体内蛋白质分解也产生部分能量。鹅食入的能量满足自身生命活动时,超过部分就转为脂肪,在体内贮存起来。鹅在自由采食时,具有调节采食量以满足自己对能量需要的本能,然而这种调节能力有限。

(3) 水分。水分是鹅体的重要组成部分,也是鹅生理活动不可缺少的主要营养。水分约占鹅体重的70%,它既是鹅体营养物质吸收、运输的溶剂,也是鹅新陈代谢的重要物质,同时又能缓冲体液的突然变化,帮助调节体温。鹅体水分的来源是饮水、饲料含水和代谢水。据测定,鹅食入1克饲料要饮水3.7克,当气温在 12～16℃时，平均每只每天要饮水 1000 毫升。"好草好水养肥鹅"，说明水对鹅的重要。因此，对于集约化鹅的饲养，要注意满足饮水需要。放牧的鹅，由于多在靠水的地方放牧，不容易发生缺水的现象。

（4）矿物质。矿物质是鹅的骨骼、肌肉、血液必不可少的营养物质，在鹅体内含量不多仅占鹅体重的 3‰～4‰，生理作用却非常重要。其中主要的矿物质有钙和磷，另外，还有钠、氯以及微量元素铁、铜、钴、钾、锰、锌、碘、硒。矿物质不仅是组织成分，也是调节体内酸碱平衡、渗透压平衡的缓冲物质，同时对神经和肌肉正常敏感性、酶的形成和激活有重要作用。如果日粮中钙、磷缺乏，就会出现产软壳蛋、薄壳蛋，致孵化率下降，幼鹅出现佝偻病和软骨病等。动物饲料中钠和氯含量很少，一般不能满足鹅的需要，因此在日粮中必须补充适量的食盐。铁和铜是形成血红蛋白、血色素和体内代谢所必需的成分，铁与血红蛋白和肌红蛋白的形成有关；铜与骨骼的正常发育及鹅的羽绒品质有关。如果日粮中铁、铜缺乏，就会出现贫血现象。钴是维生素 B_{12} 的组成成分之一。维生素 B_{12} 是血红蛋白和红细胞生成过程中所必需的物质。因此钴对骨骼的造血功能有着重要的作用，如果钴缺乏，就会发生恶性贫血。钾有类似钠的作用，对水分平衡和渗透压的维持有密切的关系，对红细胞和肌肉的生长发育有特殊的功能。如果钾缺乏，鹅生长发育不良。锰主要功能与骨骼和腱的生长及繁殖有关，缺乏时发生骨短粗症、脱腱、蛋壳品质及孵化率下降。锌与鹅的生长发育有关。幼鹅缺乏锌，丧失食欲、生长停滞、关节肿大、羽毛发育不良；母鹅产软壳蛋，孵化率下降。碘、硒是体内谷胱甘肽过氧化酶的主要组成成分，具有保护细胞膜不受氧化物损伤的作用。如果缺硒，易发生脑软化病、白肌病以及肝坏死。碘来源于碘化钾，是甲状腺的组成部分，缺乏时，易引起甲状腺肿大。

（5）维生素。维生素是维持生命活动的特殊物质。大多数维生素在鹅体内不能合成，有的虽能合成，但不能满足需要，必须从饲料中摄取。维生素有脂溶性和水溶性之分，脂溶性维生素有维生素 A、维生素 D、维生素 K、维生素 E，水溶性维生素有维生素 C、维生素 B_1、维生素 B_2、维生素 B_6、维生素 B_{12} 等。维生素 A 主要来源于青绿多汁饲料，尤其是胡萝卜和黄玉米等。其主要功能是保护皮肤和黏膜的发育和再生，增加对疾病的抵抗力，促进生长发育，提高繁殖率，调节体内代谢。维生素 D 主要来自于鱼肝油等，对钙与磷的代谢具有调节功能，缺乏时会出现佝偻病、生长迟缓、种蛋蛋壳变薄等症状。维生素 E 主要来源于小麦和苜蓿粉，主要具有促进性腺发育和生殖功能，抗氧化和保护肝脏功能的作用。缺乏时公鹅睾丸退化，种蛋受精率、孵化率下降，肌肉营养不良，出现渗出性物质。维生素 K 主要来源于青绿多汁饲料和鱼粉，主要是促进凝血酶原及凝血质的合成，维持正常的凝血时间，缺乏时因血液不能凝结而流血不止，或凝血时间延长，生长缓慢。维生素 B_1 主要来源于禾谷类加工副产品、谷类、青绿饲料和优质干草，主要是控制鹅体内水的代谢功能，维持神经组织及心脏的正常功能，维持肠蠕动和消化道内脂肪吸收。缺乏时表现为生殖器官萎缩以及食欲减退等症状。维生素 B_2 主要来源于干酵母、血清粉、动物性蛋白质、核黄素制剂。主要起辅酶作用，影响蛋白质、脂肪和核酸的代谢功能。缺乏时可引起雏鹅生长迟缓，孵化过程中死胚增加，降低孵化率。维生素 B_3 主要来源于动物性饲料、油饼和泛酸钙制剂。其主要功能是参与蛋白质、碳水化合物，特别是脂肪的代谢。缺乏时引起生长迟缓，羽毛松乱，眼睑黏着，皮肤和黏膜发生病变，孵化过程中胚胎死亡率较高。维生素 B_5 主要来源于麦麸、青草、发酵产品和烟酸制剂等。与能量和蛋白质的代谢有关，可维持皮肤和消化器官的正常功能。缺乏时，鹅口腔和食道上部易发生炎症，口舌呈深红色，成年鹅羽毛脱落，骨粗短，关节肿大。维生素 B_6 主要来源于酵母、豆类、禾谷类子实，主要起辅酶作用，参与蛋白质、脂肪、碳水化合物代谢，在色氨酸与无机盐代谢中起重要作用。缺乏时引起雏鹅生长受阻，母鹅产蛋量及种蛋孵化率下降。维生素 B_{12} 主要来源于动物性蛋白质饲料，其主要功能是维持正常的造血功能，也是辅酶的成分，参与多种代谢反应。缺乏时，雏鹅生长速度减慢，母鹅产蛋量下降，孵化率降低，脂肪沉积于肝脏并有出血症状，称为脂肪肝出血综合征。维生素 C 在青绿饲料中含量丰富，在鹅体内同样能合成。主要参与氧化还原反应，与血凝有关，能增加机体的抵抗力。缺乏时，黏膜自发性出血，易患传染病，蛋壳硬度降低。

32. 鹅的饲料按其性质可以分为哪几类？

鹅的饲料按其性质分为粗饲料、青绿饲料、能量饲料、蛋白质饲料、矿物质饲料、维生素饲料及饲料添加剂。

能量饲料是指饲料中干物质中粗纤维含量小于 18％、蛋白质低于 10％ 的饲料，主要包括：玉米、大麦、小麦、高粱、碎米、秕谷。其特点是淀粉含量高，有效能值高、粗纤维含量低，适口性好，易消化。

蛋白质饲料是指饲料中粗蛋白含量在 20％ 以上，粗纤维含量在 18％ 以下。可分为动物性蛋白质饲料和植物性蛋白质饲料。常用动物蛋白质饲料有鱼粉、肉骨粉、血粉。鱼粉、肉骨粉粗蛋白质含量在 45％～75％，用量可占日粮的 3％～7％。血粉含粗蛋白质在 80％ 以上，用量应控制在日粮的 3％ 左右。植物蛋白质饲料包括大豆粕、棉籽饼、菜籽饼、花生饼。大豆粕的蛋白质含量在 45％ 以上、用量可占日粮的 10％～30％。棉籽饼、菜籽饼的粗蛋白质含量低于豆粕。花生饼含粗蛋白质在 40％ 以上，是鹅较好的常用蛋白质饲料。叶蛋白质是从青绿叶类植物中提炼的蛋白质，粗蛋白质含量在 25％～50％，可作为良好的蛋白质补充料。

青绿饲料是指天然水分在 60％以上的饲料，主要包括天然牧草、人工栽培牧草、叶菜类、根茎类及水生植物等。这类饲料营养成分比较全，维生素含量丰富，容易消化。

矿物质饲料有骨粉、食盐、贝壳粉和石粉等。骨粉是调节鹅体钙和磷平衡的矿物质补充料；食盐是补充植物性饲料含氯和钠的不足，及满足鹅体生长发育对氯和钠的需要，同时可以促进食欲和改善饲料的适口性。砂砾有助于肌胃的研磨，帮助消化多种粗饲料。

维生素饲料主要指化学合成的产品或加工提取的浓缩产品。它不包括富含维生素的天然青绿饲料，习惯上称为维生素添加剂。在各种饲料原料中一般都含有维生素 E 及 B 族维生素。在动物性饲料原料中还含有维生素 A、维生素 E、维生素 D 和维生素 D 等。有些饲料中含有胡萝卜素，也可转化为维生素 A。一些富含维生素的青绿饲料、青干草粉等虽不属于维生素饲料，但在生产实际中被用作鹅维生素的来源，尤其是放牧饲养的鹅群，这不仅符合鹅的采食习性，节约了精饲料。而且也减少了维生素添加剂的用量，从而降低了生产成本。

饲料添加剂是指那些在常用饲料之外，为某种特殊目的而加入配合饲料中的少量或微量物质，包括非营养性饲料添加剂和营养性饲料添加剂两大类。它们在配合饲料中的添加量仅为千分之几或万分之几，但作用很大。主要作用包括：补充饲料的营养成分，完善口粮的营养全价性，提高饲料利用率，防止饲料质量下降，促进畜禽食欲和正常生长发育及生产性能的发挥，防止各种疾病，减少贮存期营养物质的损失，缓解毒性以及改进畜产品品质等。合理使用饲料添加剂，可以明显地提高鹅的生产性能，提高饲料的转化效率，改善鹅产品的品质，从而提高鹅的经济效益。

33. 鹅配合日粮应遵循的原则有哪些？

（1）选择合理的饲养标准。各种饲养标准都有一定的代表性，但又有一定的局限性，只是相对合理的标准。因此，在参考应用某一标准时，必须注意观察实际饲养效果，按鹅的经济类型、品种、年龄、生长发育阶段、体重、产蛋率及季节等因素，同时结合养鹅户和鹅场的生产水平、饲养经验等具体条件进行适当调整。

（2）选用饲料要经济合理。在能满足鹅营养需要的前提下，应当尽量降低饲料费用。为此，应当充分利用本地的饲料资源。日粮的主要原料必须丰富，要充分发挥当地优势，同时应考虑经济的原则，尽量选用营养丰富而价格低廉的饲料进行配合。

（3）配合日粮应考虑不同种类鹅的消化生理特点。鹅比其他家禽耐粗饲，日粮中可适当选用一些粗纤维含量高的饲料。

（4）应当注意饲料的适口性。应当尽可能选用适口性好的饲料，对营养价值较高但适口性很差的饲料，必须限制其用量，以使整个日粮具有良好的适口性，禁止使用霉变饲料等。

（5）干物质的量要适当。日粮除满足各种养分的需要外，还应注意干物质的供给量，即日粮要有一定的容积，应使鹅既能吃得下、吃得饱，又能满足营养需要。

（6）日粮要求饲料多样化。要尽可能多地选用几种饲料，以求发挥多种饲料营养成分的互补作用，提高饲料的营养价值和利用率。

34. 配制鹅的饲料时要考虑哪几个因素？

（1）日粮营养需要量。在综合考虑各种因素的情况下，可以确定日粮的营养需要量。饲养标准是实行科学养鹅的基本依据，但在实际应用时，仍应结合当地鹅的品种、性别、地区环境条件、饲料条件、生产性能等具体情况灵活调整，适当增减，制定出最适宜的营养需要量。最后再通过实际饲喂，根据饲喂效果进行调整。

（2）日粮原料及其营养成分。如果选用常规的、量大的、养分含量稳定的原料，可通过《中国饲料原料数据库》查找所需营养成分的含量。如果采用当地比较多、养分含量不清楚的原料，如农作物副产品、糟渣类等，可通过养分分析来确定所用原料的主要营养成分含量。

（3）日粮原料价格。根据原料市场价格的变化，选择日粮原料，降低成本。饲料原料应多样化，并要考虑饲料价格，力争降低配合饲料的生产成本，提高经济效益，同时，应因地制宜，充分利用当地饲料资源。种类多样化可以促使营养物质的互补和平衡，提高整个日粮的营养价值和利用率；饲料品种多样化还可以改善饲料的适口性，增加鹅的采食量，能保证鹅群稳产增产。

35. 我国传统的"鸭吃荤、鹅吃素"说法是否正确？

"鸭吃荤、鹅吃素"的传统说法是错误的。实践证明，鹅并非素食性动物而是杂食性动物。在鹅的日粮中添加少量的动物性蛋白质饲料，对达到日粮中氨基酸平衡、保证雏鹅的生长发育、提高产蛋量和羽毛生长速度等都有积极作用。鱼粉、蚕蛹粉、肉骨等动物性蛋白质饲料均可作为优良的蛋白质原料添加到鹅的日粮中去。

五、种草养鹅

36. 为什么要推广种草养鹅技术?

(1) 种草养鹅能够提高土地资源利用率。鹅是食草类大型家禽,具有消化利用青草的优势。不仅可以利用各种野生饲草喂鹅,也可以种植牧草养鹅。我国有大量的果园、林地、山坡、边次土地和盐碱地等可以种植牧草,也可以利用大量的耕地采用套种、复种、轮作等方式种草养鹅,这样不仅减少了对精饲料的消耗和依赖,而且极大地提高土地资源利用率。

(2) 降低生产成本,增加生产效益。在养鹅成本中,饲料成本占70%以上。鹅从牧草中采食干物质的成本约为配合饲料成本的1/10,因此青绿饲料和优质牧草是最经济的饲料来源。减少精料,多用青绿饲料,是降低养鹅生产成本,提高经济效益的关键措施。饲草经过鹅过腹转化产生的鹅粪又可以还田,为农田提供优质的农家肥,提高农作物的产量,增加生产效益。

(3) 提供全面营养,维持鹅体健康。俗话说:养鹅无巧,青水绿草。可见只要有足够的青绿饲料就可养好鹅,单靠精饲料饲养鹅,不但鹅不能正常生长,而且浪费很大。青绿饲料虽然能量低、水分大,但各种营养充足全面,非常适合鹅生长。如青绿饲料中含丰富的钙、磷和各种维生素,尤其是鹅所需的各种氨基酸。青绿饲料优质充足,鹅不但生长快,而且羽毛齐全,没有病,尤其是可以避免鹅啄毛等疾病的发生。

(4) 保障产品绿色,改善生态环境。牧草对环境、土壤的适应能力强,产量高,病虫害少,生产中很少使用化肥、农药,且所含营养成分全面,有利于维持鹅的健康,降低疾病的发生率,减少抗生素和药物的使用，生产的产品绿色安全。盐碱地种植牧草，不仅可以提高生产效率，而且可以改良土壤性质；低中产田种植牧草，可以提高土壤肥力和生产效益；在退耕还草地区，结合养鹅生产，有利于退耕还草的稳步推进，这些都可以改善当地的生态环境。

37. 适于养鹅的牧草有哪些品种？

可供鹅采食的优质牧草主要有以下三大类：

豆科牧草类的紫花苜蓿、红豆草（驴食豆、圣车轴草）、白三叶（荷兰翘摇、白车轴草）、红三叶（红车轴草）、沙打旺、百脉根（五叶草、四叶草、牛角花）、柱花草（巴西苜蓿、热带苜蓿）、紫云英等；禾本科牧草类的无芒雀麦（禾萱草、无芒草）、黑麦草、羊草、猫尾草、鸭茅（鸡脚草、果园草）、黑麦、燕麦等；叶菜类牧草：菊苣、苦荬菜（苦苣、鹅菜、肥猪菜）、胡萝卜、籽粒苋等。

38. 如何保证牧草的四季均衡供应？

要做到牧草的长年均衡供应，一是在草种选择上，一年生牧草与多年生牧草相搭配，热带型和温带型牧草相搭配，并选用高产的草种；二是在种植方式上，单种与混播相结合，间种与复套种相结合，以发挥土地的最大利用率；三是从青饲料来源上，应以栽培牧草与天然野生牧草、树叶、水生饲料和农副产品相结合；四是从利用上，青饲料与加工调制（青贮、干制等）、放牧相结合。

39. 鲜牧草常年供应种植模式有哪些？

根据种植牧草的类型分为单一类别牧草种植模式和多种类别牧草混播种植模式；根据栽培方式可以分为混播、套作、轮作等。

40. 牧草青贮有哪些优点?

牧草青贮的优点有：①增强适口性。牧草在青贮过程中产生了酸性物质，能促进家畜对饲料的消化吸收，适口性好，家畜喜食。②利于保存利用。青贮饲料可长期保存，在贮藏过程中不受风吹、日晒、雨淋等气候和外界环境的影响。③减少污染。青贮容器内无氧和酸性环境可杀灭青绿饲料中所含的部分病菌、虫卵，减轻对家畜的危害。

41. 豆科牧草的栽培管理技术特点有哪些?

豆科牧草与根瘤菌共生，能固定大气中的氮为自身提供氮素营养，并提高土壤肥力。豆科牧草根系深而发达，茎直立、斜伸或匍匐。多为长日照植物，要求充足光照，光照不足时光合作用明显下降，根瘤的形成缓慢或终止。对温度的要求因品种而异，一般 2～4℃开始萌发，能进行固氮的最低温度为 8～9℃，最高界线为 30℃。开花期遇气温下降或多雨时，授粉作用减低，种子产量下降。种子萌发时需水较多，约为种子重量的 1～1.5 倍。土壤水分在最大持水量 60％～70％的范围生长良好。对氮肥需要量较少，需钾、磷、钙肥较多。干物质中蛋白质和纤维素的含量比约为 1∶1.5，高于其他牧草，含氨基酸的种类除蛋氨酸稍显不足外，很接近理想蛋白质，故有"蛋白质饲料"之称。钙的含量丰富，占干物质的 1.5％～2.3％。用它调制的干草和草粉可代替精料。豆科牧草为天然草原补播改良或建立人工草地所不可缺少，它与禾本科牧草合理组合建成的混播草地可提供高产和营养全面的牧草，防止单一豆科牧草引起的家畜臌胀病。耐牧性较差，每年以刈割 2～3 次或放牧利用 3～4 次为宜。刈割利用以初花期为好。个别豆科牧草含有生物碱或其他有毒物质，家畜不宜采食过量，以防中毒。

42. 禾本科牧草的栽培管理技术特点有哪些？

禾本科牧草包括野生和栽培两类，一年生、二年生或多年生。耐刈、耐牧，有些还是优良的水土保持、防风固沙和庭园绿化植物，在草原生态系统中具有重要作用。禾草按分蘖类型分为根茎型、疏丛型、密丛型、根茎—疏丛型和匍匐茎型等。禾本科牧草根系通常为须根。植株大小差异较大，一般高 30～60 厘米，最小的仅数厘米，如小米草属；最高的可达 4 米以上，如芦苇。茎节明显，节间常中空。分蘖力强，枝条分生殖枝、长营养枝和短营养枝三种。用种子繁殖，也可以无性繁殖。禾本科类牧草一般应以抽穗初期至开花初期收割为宜。此类牧草主要是天然草地、荒山野坡、田埂以及沼泽湖泊内所生长的无毒野草和人工种植的牧草，其特点是茎秆上部柔软，基部粗硬，大多数茎秆呈空心，上下较均匀，整株均可饲用，抽穗初期收割其生物产量、养分含量均最高，质地柔软，非常适于调制青干草。但一旦抽穗开花结实，茎秆就会变得粗硬光滑，此时牧草的生物产量、养分含量、可消化性等均已有很大下降，再用于调制青干草，其饲用价值也会明显降低。禾草干物质中平均约含粗蛋白质 10.4%，粗脂肪 2.9%，无氮浸出物 47.8%，粗纤维 31.2%，粗灰分 7.7%，是重要的碳水化合物即能量饲料。由于分布极广，也是天然草原的优势植物。大多为牲畜所喜食，不喜食或不采食的仅占 10% 以下。在干燥和加压时很少破碎、脱叶，适于调制干草；含糖分较多，也适于制作青贮。

43. 叶菜类牧草的栽培管理技术特点有哪些？

叶菜类牧草一般叶子较大且宽，主根较粗，植株枝繁叶茂，主要包括菊科、苋科等，栽培管理技术有所区别。菊科类的菊苣为种子繁殖，播前应精细耕地，深耕细耙，条播为主。菊苣生长速度快，需水需肥较多。在苗期及返青期易受杂草危害。一年能刈割多次，产量高，抗旱、耐寒、耐酸碱，再生能力强。苦荬菜种子小而轻，成熟不一致，播前需要对种子进行精选。苦荬菜宜密植，不耐杂草，抗病虫能力强，再生能力强，南方每年可刈割5～8次，北方3～4次。不宜连作，其前作应为麦类或豆科牧草，后作应安排豆类、小麦、玉米、薯类等。胡萝卜则根系入土深，适于肥沃疏松的沙壤土，并在前作收获后，深耕33厘米左右，施足基肥。播种前先行浸种、催芽等，可提早出苗5～6天。可用除草剂进行除草。北方寒冷地区应在霜冻前收获，以防受冻，不耐贮藏。籽粒苋原产于美国，易于种植。要想获得高产，必须选择土质疏松、肥沃的地块种植。抗旱性强，抗寒性弱。播种时应采用大垄条播。幼苗极易受杂草危害，因此苗期除草是种植能否成功的关键。籽粒苋后期生长速度快，对地力消耗较大，在施底肥时还要追加有机肥或化肥。成熟后，以间苗和刈割相结合的方法进行收割，东北地区一年可刈割2茬，南方省份可刈割3～5茬。

六、鹅的饲养管理技术

44. 雏鹅的生理特点有哪些？

雏鹅是指孵化出壳后到 4 周龄或 1 月龄内的鹅，又叫小鹅。雏鹅的培育，是整个饲养管理的基础。培育雏鹅，首先必须了解雏鹅的生理特点和生活要求，这样才能施以相应的合理的饲养管理措施。雏鹅的生理特点，概括为以下几个方面：

（1）生长发育快，新陈代谢旺盛。雏鹅的新陈代谢非常旺盛，早期相对生长极为迅速。一般中、小型鹅初生重 100 克左右，大型鹅种 130 克左右。长到 20 日龄时，小型鹅体重比出壳时增长 6～7 倍，中型鹅增长 9～10 倍，大型鹅可增长 11～12 倍；雏鹅体温高，呼吸快，体内新陈代谢旺盛，需水较多。因此，为保证雏鹅快速生长发育的营养需要，在饲养管理中要及时饮水，保证充足供水；饲料的营养浓度要高，各种营养素要全面平衡，适当添加优质的、易消化的青饲料，以利于雏鹅的生长发育。

（2）消化道容积小，消化吸收能力弱。30 日龄以内的小鹅，特别是 20 日龄以内的雏鹅，不仅消化道容积小、消化能力差，而且吃下的食物通过消化道的速度快（雏鹅平均保留 1.3 小时，雏鸡为 4 小时）。俗话说的"边吃边拉，六十天可杀（出栏）"就是这个意思。因此，在喂食时要少喂多餐，喂给易消化的全价配合饲料，以满足其生长发育的营养需要。

（3）体温调节能力差，易扎堆，饲养密度要适当。雏鹅出壳后，全身仅被覆稀薄的绒毛，保温性能差，消化道吸收能力又弱，体温调节机能尚未健全，因此对环境温度变化的适应能力较差，表现为怕冷、怕热、怕外界环境的突然变化，尤其是对冷的适应性较差。随着日龄的增加，这种自我调节能力虽有所提高，但仍较薄弱，必须采用人工保温。在培育工作中，为雏鹅提供适宜的温度环境，是保证雏鹅生长发育和成活的基础。否则，会出现生长发育不良、成活率低甚至大批死亡的现象。特别是 20 日龄以内的雏鹅，当温度稍低时就易发生扎堆现象，常出现受捂压伤，甚至大批死亡。受捂小鹅即使不死，生长发育也慢，易成"小老鹅"。故民间养鹅户常说"小鹅要睡单，就怕睡成山（扎堆）；小鹅受了捂，活像小老鼠（小老鹅）"。为防止上述现象的发生，在育雏期间必须精心管理，控制好育雏的温度和密度。

（4）公、母雏生长速度不同。同样的饲养管理条件下，公雏比母雏增重快 5%～25%，单位增重耗料也少。据国外经验，公、母雏鹅分开饲养，60 日龄时的成活率要比公、母雏鹅混养高 1.8%，每千克增重少耗料 260 克，每只鹅活重多 251 克。所以，在条件允许的情况下，育雏时尽可能做到公、母雏鹅分群饲养，以便获得更高的经济效益。

（5）个体小，抗病力差。雏鹅个体小、体质弱，抵抗力和抗病力差，加上密集饲养，容易感染各种疾病。一旦发病损失严重，因此要加强管理，严格卫生防疫制度，减少疾病危害。

45. 育雏前需要做哪些准备工作？

（1）育雏舍的准备。根据育雏数量和育雏方式准备好育雏舍，配备好饲喂、饮水和消毒防疫用具，对舍内照明、通风、保温盒加温设施进行检修。还要查看门窗、地板、墙壁等是否完好无损，如有破损要及时修补。同时，育雏舍要进行彻底清扫和消毒，育雏舍地板、墙壁等要用高压水枪冲洗干净，等晾干后铺上垫料。其他器械等可进行熏蒸消毒。把高锰酸钾放在瓷盘巾，再倒入福尔马林溶液，立即有烟雾产生，密闭门窗，经过 24～48 小时熏蒸后，打开门窗，彻底通风。如果是老棚舍，在熏蒸前地面和墙壁先用 5‰ 来苏儿溶液喷洒一遍。

（2）育雏设备用品、饲料、药品准备。育雏保温设备有育雏伞、红外线灯、火炉、火炕、箩筐、竹围栏等，饲喂设备有开食盘、料桶、料盆、水盆等，应根据育雏数量合理配置。饲料在雏鹅入舍前 1 天进入育雏舍，饲料不要准备太多，可饲喂 5～7 天即可，饲料太多容易变质造成营养损失；同时要准备好相关药品，包括疫苗等生物制品；土霉素、庆大霉素、恩诺沙星等抗菌和球痢灵、杜球、三字球虫粉等抗球虫药物；酸类、醛类、氯制剂等消毒药；糖、奶粉、多维电解质等营养剂和维生素 C、速溶多维等抗应激药物。

（3）育雏舍预热。育雏人员要在育雏前 1 周左右到位并着手工作，安装好供温设备后要调试，观察温度能否达到要求，需要多长时间才能上升到所需温度。如果达不到要求，要采取措施尽早解决。雏鹅入舍前 2 天，要使舍内温度上升到育雏温度并保持稳定。育雏舍经过 1～2 天的预热，使室内温度达 30℃，即可进行育雏。火炕育雏生火加温后，应检查炕面是否漏烟，测定炕面温度是否均匀和达到育雏温度。育雏伞伞下温度是否达到要求。火炉加温后，舍内各点温度是否均衡，避免忽冷忽热。

46. 怎样提高育雏成活率？

提高育雏成活率，要做好以下几方面工作：

（1）适宜的环境温度。雏鹅自身调节体温的能量较差，饲养过程中必须保证均衡的温度。温度关系到育雏成败，温度适宜有利于提高雏鹅的成活率，促进雏鹅的生长发育。育雏温度随着日龄增加逐渐降低，直至脱温。适宜的育雏温度是 1～5 日龄时为 28～27℃，6～10 日龄时为 26～25℃，11～15 日龄时为 24～22℃，16～20 日龄时为 22～20℃，20 日龄以后为 18℃。在饲养过程中，除查看温度计和通过人的感官估测掌握育雏的温度外，还可根据不断观察雏鹅的表现来进行。当雏鹅挤到一块扎堆，采食量下降，属温度偏低的表现；如果雏鹅表现张口呼吸，远离热源，饮水增加，说明温度偏高；正常适宜温度下，雏鹅均匀分布，静卧休息或有规律地采食饮水，间隔15～20分钟运动1次。

（2）适宜的湿度。鹅虽属于水禽，但怕圈舍潮湿，30日龄以内的雏鹅更怕潮湿。俗话说：养鹅无巧，窝干吃饱。潮湿对雏鹅的健康和生存影响很大，若湿度高温度低，体热散发而感寒冷，易引起感冒和下痢。若湿度高温度也高，则体热散发受抑制，体热积累造成物质代谢与食欲下降，抵抗力减弱，发病率增加。因此，要保持鹅舍内适宜的湿度。

（3）新鲜的空气。育雏室必须进行适宜的通风换气，驱除污浊气体，减少舍内的水汽、尘埃和微生物，保证新鲜空气的供应。通风换气的同时，要注意舍内的保温，尤其是冬春季要特别注意。在通风前，首先要使舍内温度升高2～3℃，然后逐渐打开门窗或换气扇，避免冷空气直接吹到鹅体。通风时间多安排在中午前后，避开早晚时间。

（4）适宜的饲养密度。饲养密度过大，鹅群拥挤，生长发育缓慢，发育不均匀，并易出现相互啄羽、啄趾、啄肛等现象，死亡淘汰率高；饲养密度过小，造成浪费，所以要保持适宜的饲养密度。一般雏鹅平面饲养时的密度，1周龄为每平方米20～25只，2周龄为10～20只，3周龄为5～10只，4周龄为每平方米5只以下，随着日龄的增加，密度逐渐减少。

（5）合理的光照。光照影响雏鹅的生长发育和性成熟时间，应制定严格的光照程序。育雏期间保持较长的光照时间，有利于雏鹅熟悉环境，增加运动，也便于雏鹅采食、饮水，满足生长的需求。育雏1～3天，每天23～24小时光照，4～15日龄18小时光照，16日龄后逐渐减为自然光照，但晚上需开灯加喂饲料。光照强度0～7日龄每15米^{2}用1只40瓦灯泡，8～14日龄换用25瓦灯泡。高度距鹅背部2米左右。

47. 强雏和弱雏有哪些鉴别方法？

鉴别方法见表 1。

表 1　初生鹅强雏和弱雏的鉴别方法比较

项目	强雏	弱雏
出壳时间	正常时间	过早或最后出雏
绒毛	绒毛整洁，长短适合，色素鲜浓	绒毛蓬乱污秽，缺乏光泽，有时绒毛短缺
体重	体态匀称，大小均匀	大小不一，过重或过轻
脐部	愈合良好，干燥，其上覆盖绒毛	愈合不好，脐孔大，触摸有硬块
腹部	大小适中，柔软	卵黄囊外露，脐部裸露，且特别膨大
精神	活泼，腿干结实，反应快	呆滞，闭目，站立不稳，反应迟钝
感触	饱满，挣扎有力	瘦弱，松软，无挣扎力

48. 刚运到饲养地的初生雏鹅为什么不能马上放入育雏器？

在运输途中，雏鹅所接触的环境一般来说温度较低，湿度较小，育雏器内的温度明显高于运输途中的环境温度，湿度也明显大于途中的环境湿度。湿差与温差变化剧烈，极易使鹅雏引起感冒，激发各种疾病而死亡。因此，对刚运到饲养地的雏鹅，先放入育雏室，将育雏室的基础温度逐步升高到 25℃ 左右，再逐步升高到 27～28℃。湿度逐步增大到 60％ 以上，让雏鹅适应一段时间后，再放入育雏器内，以保证育雏成活率。

49. 怎样把握好雏鹅的潮口开食?

雏鹅出壳后的第一次饮水俗称"潮口"、"开水",第一次吃料俗称"开食"。把好潮口开食关,应注意以下问题:

(1) 潮口。雏鹅第一次饮水,掌握在 3～5 分钟,水温 25℃左右为宜。在饮水中加入 0.05％高锰酸钾,可以起到消毒饮水,预防肠道疾病的作用,一般使用 2～3 天即可。长途运输后的雏鹅,为了迅速恢复体力,提高成活率,可在饮水中加入 5％葡萄糖,按比例加入速溶复合多维。雏鹅的饮水最好使用小型饮水器,或使用水盆、水盘,但不宜过大,盘中水深度不超过 1 厘米,以雏鹅绒毛不湿为原则。有些雏鹅开始时不懂得饮水,可人为帮助将其喙按入水中饮水 1～2 次以后,便可使其学会饮水。

(2) 开食。潮口与开食同时进行。先潮口,随即就开食。潮口开食时间是否适宜,直接关系到雏鹅的生长发育和成活率。潮口与开食的时间,必须在出壳 24 小时后。因为初生雏鹅出壳后,腹内含有剩下的蛋黄,里面含有各种营养成分和水分,足够初生雏鹅在 24 小时内生命活动的需要。所以潮口与开食既不能提前,又不能推后。提前,卵黄不能充分吸收;推后,造成雏鹅饥饿,都能影响初生雏鹅的正常生长发育。开食时将碎米或饲料撒在浅食盘或塑料布上,让其啄食。刚开始时,可将少量饲料撒在幼雏身上,以引起啄食的欲望。开食时不要求雏鹅吃饱,只要能吃进一点饲料即可。每隔 2～3 小时可人为驱赶雏鹅采食。10～20 日龄每日 6 次,20 日龄以下的雏鹅每天 4 次,均要求在夜间补喂 1次。25 日龄以下的雏鹅可在青绿饲料中适当添加少许配合饲料或玉米粉。精料和青料的比例 10 天前为 1∶2,10 天后为 1∶4。做到饲喂少给勤添,喂料量应做到"少喂勤添",定时和定量。

(3) 料质。开食料一般用黏性较小的籼米,把米煮成外熟里生的"夹生饭",用清水淋过,使饭粒松散,最好掺入一些切成细丝状的青菜叶等。也可选择雏鹅配合饲料和颗粒碎料，加少许切碎的青绿饲料，掺水适量，以手刚好捏团、松开后分散为度。饲料要新鲜清洁，不能用发霉变质的饲料、喷过农药的草料，不喂水分含量过高的饲料。随着雏鹅日龄的增长，可逐渐增加青绿饲料喂量，但青绿饲料应切成细丝状。

50. 雏鹅放牧应注意哪些问题？

通过放牧，可以促进雏鹅新陈代谢，增强体质，提高适应性和抵抗力。雏鹅从舍饲转为放牧，必须循序渐进。雏鹅初次放牧的时间，应根据气候而定，最好是在外界温度与育雏温度接近、风和日丽时进行，避开寒冷阴雨天。放牧时，要训练鹅群听从指挥，关键是要让鹅群熟悉"指挥信号"和"语言信号"，选择好"头鹅"。

对于雏鹅的放牧场地，要求"近"（离育雏舍距离近）、"平"（道路平坦）、"嫩"（青草鲜嫩）、"水"（有水源，可以喝水、洗澡）、"净"（水草洁净，没有疫情和农药、废水、废渣、废气或其他有害物质的污染）。最好不要在公路两旁和噪声较大的地方放牧，以免鹅群受惊吓。

对于放牧时间的安排，应做到"迟放早收"。上午第一次放牧的时间要晚一些，以草上的露水干了以后放牧为好，下午收鹅的时间要早一些。如果露水未干就放牧，雏鹅的绒毛会被露水沾湿，尤其是腿部和腹下部的绒毛湿后不易干燥，早晨气温又偏低，易使鹅受凉，引起腹泻或感冒。

加强放牧管理。放牧员要固定，不宜随便更换。放牧前要仔细观察鹅群，把病、弱鹅和精神不振的鹅留下，出牧时点清鹅数。放牧雏鹅要缓赶慢行，禁止大声吆喝和紧迫猛赶，防止惊鹅和跑场。阴雨天气停止放牧，雨后要等泥地干到不粘脚时才能出牧。避免鹅群受烈日暴晒和风吹雨淋。雏鹅蹲地休息时，要定时驱动鹅群，以免睡着受凉。收牧时要让鹅群洗好澡，并点清鹅数，再返回育雏室。对没有吃饱的雏鹅要及时给予补饲。

51. 弱雏鹅的康复方法有哪些？

育雏过程中，一般都有弱雏鹅的出现，对于患病没有治疗价值的要淘汰，对营养不良、体质较差的弱雏，通过加强饲养管理，大部分可以赶上或达到健康雏鹅的生长水平。使弱雏鹅恢复健康，主要方法有以下几点：

（1）及时挑出弱雏。将挑出的弱雏放在具有保温性能的箱、筐内，单独饲养。头 3 天育雏舍内温度 30℃，湿度 70% 左右，防止脱水，促进卵黄吸收。脱水严重的可饮给口服补液盐。

（2）尽快潮口与开食。在饮水内加 0.02% 环丙沙星，并用 5% 葡萄糖温开水饮用，连饮 7 天，3 天后每天早晨可加饮一次酸牛奶，以促进雏鹅的消化吸收。饮水后 2 小时即可开食，喂给八成熟的碎米，每 10 只雏鹅加煮熟的鸡蛋黄 1 个和酵母片 5 片，每天 1 次，连续 3～5 天。

（3）预防肠道和呼吸道疾病。在饲料中添加 0.03% 强力霉素或左旋氧氟沙星，每天 1 次，连用 3 天。同时，在饮水中添加电解多维和维生素 C。

（4）增强体质。为了调节胃肠功能，迅速增加体重，可在饲料中添加微生态制剂（如益生素、益康肽、复合酶等），连用 1 周以上，以增加雏鹅胃肠的有益菌群，抑制有害菌，促进食欲，增强抵抗力，使弱雏康复。

52. 仔鹅的饲养方式有哪些？

仔鹅又叫生长鹅、青年鹅或育成鹅，是指从 4 周龄以上至 70 日龄左右选入种用或转入育肥前的鹅。中鹅的生理特点是对饲料的消化吸收力和对外界环境的适应性及抵抗力都较强，这一阶段是骨骼、肌肉和羽毛生长最快时期，所需营养物质也相应逐渐增加。此阶段的仔鹅，消化道容积增大，食量大，消化力强。

仔鹅的饲养方式有放牧饲养和舍内饲养（关棚饲养）两种方式。放牧饲养，鹅群在草地和水面上活动，处在新鲜空气环境中，不仅能采食到含维生素和蛋白质营养丰富的青绿饲料，而且阳光充足，活动空间大，能促进鹅机体新陈代谢，增强对外界环境的适应性和抵抗力，为选留种鹅或转入育肥鹅奠定良好基础。如果没有放牧条件，或为避免鹅群践踏牧草而影响牧草生长，或便于集约化生产以及在养"冬鹅"时怕天气冷，可采用舍内饲养。舍内饲养，要注意保持饲料营养的全面均衡，特别要注意维生素和矿物质的供给。保证充足的饮水，定期洗刷和消毒饮水用具。每天清洁舍内和运动场上的粪便和污染物，保持清洁卫生。固定饲养管理制度、饲养人员、饲料和牧草、喂料时间、清洁消毒时间等，避免意外的噪声、光照及其他干扰，减少对鹅群的不良刺激和应激反应的发生。

53. 为什么要加强育肥仔鹅的饲养管理？

仔鹅饲养到 70 日龄左右即可转入育肥期。经过短期育肥后（一般以 15～30 天为宜），鹅摄取的过量碳水化合物和部分蛋白质，进入体内经消化吸收后，产生大量的能量，过多的能量便大量转化为脂肪，在体内贮存起来，使鹅肥胖；充裕的蛋白质可使肌纤维（肌肉细胞）尽量分裂增殖，使鹅体内各部位的肌肉，特别是胸肌充盈丰满起来，整个鹅变得肥大结实。仔鹅膘肥肉嫩，胸肌丰厚，味道鲜美，屠宰率高，可食部分比重增大。因此，经过育肥后的鹅更受消费者欢迎，产品畅销，同时可增加养殖户的经济收益。由于育肥仔鹅的饲养管理状况直接影响上市肉用仔鹅的体重、膘度、屠宰率、饲料报酬以及养鹅的生产效率和经济效益，所以，必须要加强育肥仔鹅的饲养管理。

54. 鹅的育肥方法有哪些？

鹅的育肥方法主要有以下几种：

(1) 放牧加补饲育肥法。放牧加补饲是较经济的育肥方法。一般结合农时进行，即在稻、麦收割前 50～60 天开始养雏鹅，当其长至 50～60 日龄时，适逢收稻或割麦，收割后空闲地里遗留下来的谷粒、麦粒和草籽最宜牧鹅。白天利用人工栽培草地放牧或采食收割后遗留在田里的粒穗或野草草籽等，边放牧边休息，定时饮水，晚上和夜间补饲全价饲料饲喂，并保证充足的饮水。补饲时鹅要吃饱，吃饱的鹅有吞食动作，摆脖子下咽，嘴头不停地往下点。

(2) 舍饲自由采食育肥法。舍饲育肥法是在舍内育肥的方法，将鹅群用围栏围起来，每平方米 5～6 只，要求栏舍干燥，通风良好，光线暗，环境安静，每天进食 3～5 次，从早 5 时到晚 10 时。由于限制鹅的运动，喂给含有丰富碳水化合物的谷实或块根饲料，每天喂 3～4 次，使体内脂肪迅速沉积，同时供给充足的饮水，增进食欲，帮助消化，经过半个月左右即可宰杀。采用自由采食育肥，先喂青料 50%，后喂精料 50%，也可精、青料混合饲喂。同时在饲养过程中，要注意鹅粪的变化，调节精料和青料的比例。当鹅粪逐渐变黑，粪条变细而结实，说明肠管和肠系膜开始沉积脂肪，应改为先喂精 80%，后喂青料 20%，逐渐减少青粗饲料的添加量，促进其增膘，缩短育肥时间，提高育肥效益。

(3) 填饲育肥法。采用填鸭式育肥技术，俗称"填鹅"，即在短时间内强制性地让鹅采食大量的富含碳水化合物的饲料，促进育肥。方法是将玉米、碎米、米糠、豆饼、食盐等营养成分配成全价混合饲料，加水拌成粗 1～1.5 厘米、长 5～6 厘米的条状物，通风处阴干，用填饲机填饲或用人工填入鹅食道中，强制其吞下。每天填喂 3 次，每次 3～4 个饲料条，视情况可逐渐增加次数或增加饲料条，填后供足饮水。每天傍晚放牧一次，可促进新陈代谢，有利消化，清洁羽毛，防止生虱和其他皮肤病。

55. 育肥期的管理措施有哪些？

加强育肥期的管理，主要有以下一些措施：

（1）在肉鹅的育肥阶段要选择适当的育肥方法，是采用放牧、放牧加补饲还是舍饲饲养，要根据当地的自然条件和饲养习惯，选择成本低且育肥效果好的方式进行。

（2）采用"全进全出"的饲养制度。全进全出是保证鹅群健康，根除病原的根本措施。全进全出一般分 3 类：第一类是在一栋鹅舍内全进全出，很容易做到；第二类是以一个饲养户或整个鹅场的某个小区全进全出，这种方式也不难做到；第三类是整个鹅场全进全出，这样就不太容易做到，尤其是大型养鹅场就更加困难，所以，在设计时一定要考虑分成小区，做到以某个小区为单位的全进全出。

（3）对鹅舍要清扫消毒，以切断病源的循环感染。鹅舍保持清洁干燥，3 天垫 1 次沙，每天清洗饲槽和饮水器。每周对鹅舍带鹅喷雾消毒 2 次，可用百毒杀消毒液和水按 1∶600 的比例配制。饮水用具每天清洗 1 次，每周用 2% 氢氯化钠溶液洗涤 1 次，再用清水冲洗干净。

（4）提供新鲜、清洁的饮水和充足的采食槽位，以保证每只鹅都能采食到新鲜足够的饲料。

（5）搞好环境卫生，做好免疫接种，保证肉鹅的健康生长。

56. 怎样判断育肥鹅的膘情？

膘肥的鹅全身皮下脂肪较厚，尾部丰满，胸肌厚实饱满，富含脂肪。根据翼下体躯两侧的皮下脂肪，可把育肥膘情分为 3 个等级：

①上等肥度鹅。皮下摸到较大、结实而富有弹性的脂肪块，遍体皮下脂肪增厚，尾椎部丰满，胸肌饱满突出胸骨嵴，羽根呈透明状。

②中等肥度鹅。皮下摸到板栗大小的稀松小团块。

③下等肥度鹅。皮下脂肪增厚，摸不到脂肪块，且皮肤可以滑动。

当育肥鹅达到上等肥度时，即可上市出售；肥度都达到中等以上，体重和肥度整齐均匀，说明育肥成绩优秀。

57. 怎样选择肉鹅的最佳出栏期？

选择肉鹅的最佳出栏期能够提高肉鹅的经济效益。选择最佳出栏期，主要考虑饲料利用效果和市场价格等因素的影响。

肉鹅 4～8 周龄出现增重的高峰期，9 周龄后增重减慢，饲料利用率降低，这时可将鹅群由放牧转为舍饲育肥，待达到出栏体重时，即可上市。一般认为，在正常的饲养管理条件下，中小型鹅 70～90 日龄，活重 3.0～4.0 千克，大型鹅 80 日龄，活重达 4.0～5.0 千克，就应出栏。利用优良品种配套杂交生产的商品鹅，60 日龄可达 3.5～4.5 千克，90 日龄出栏时平均体重可达 5.0 千克，其生长速度快，且羽绒含量高，缩短了饲养周期，提高了效益。

养鹅的效益受市场因素的制约较大，应根据市场变化，结合鹅自身的生长状况，选择最佳时机出售。一般养殖户多在 5 月中旬至 7 月份进雏，出栏时间大多在 9～10 月份，由于出栏时间集中，相互竞争，造成价格低，经济效益差。如饲养优良商品雏鹅就可分期上市，避免了集中上市的诸多弊端。如 4～5 月份进雏，6～7 月份出栏，或 6 月份进雏，8 月份出栏，也可延时上市，中间进行活体拔毛，增加收入，提高养鹅生产的整体效益。

此外，选择最佳出栏期，还要受饲养管理等多种相关因素的影响。在生产过程中，一定要根据自己的实际情况，适时出栏，以达到最大的经济效益。

58. 如何选择后备种鹅？

鹅的特殊繁殖生理特点决定了种鹅的选择成为种鹅育成过程中必不可少的一项技术。种用鹅一般经过以下 4 次选择，把体型大、生长发育良好、符合品种特征的鹅留作种用，以培育出产蛋量高或交配受精能力强的种鹅。

第一次选择在育雏期结束时进行。选择的重点是选择体重大的公鹅，母鹅则要求具有中等的体重，淘汰那些体重较小的、有伤残的、有杂色羽毛的个体。经选择后，公、母鹅的配种比例为：大型鹅种为 1∶2，中型鹅种为 1∶3～4，小型鹅种为 1∶4～5。

第二次选择在 70～80 日龄进行。可根据生长发育情况、羽毛生长情况以及体型外貌等特征进行选择。淘汰生长速度慢、体型小、腿部有伤残的个体。

第三次选择在 150～180 日龄进行。此时鹅全身羽毛已长齐，应选择具有品种特征、生长发育好、体重符合品种要求、体型结构和健康状况良好的鹅留作种用。公鹅要求体型大、体质健壮，躯体各部分发育匀称，肥瘦和头的大小适中，雄性特征明显，两眼灵活有神，胸部宽而深，腿粗壮有力。母鹅要求体重中等，颈细长而清秀，体躯长而圆，臀部宽广而丰满，两腿结实，耻骨间距宽。选留后的公、母鹅配种比例为：大型鹅种为 1∶3～4，中型鹅种为 1∶4～5，小型鹅种为 1∶6～7。

第四次选择在种鹅开产前 1 个月左右进行，具体时间因品种而异。这是最重要的一次选择，重点是选择种公鹅，必须经过体型外貌鉴定与生殖器官检查，有条件进行精液品质检查则更好，符合标准者方可入选，以保证种蛋受精率。

种母鹅要选择那些生长发育良好、体型外貌符合品种标准、第二性征明显、精神状态良好的留种。

59. 后备种鹅饲养期各阶段的特点是什么？

依据后备种鹅生长发育的特点，将后备种鹅饲养期分为前期、中期和后期 3 个阶段，分别采用不同的饲养管理措施。

前期调教合群。70～90（或 100）日龄为前期，晚熟品种还要长一些。后备种鹅是从鹅群中挑选出来的优良个体，往往不是来自同一鹅群，把它们合并成后备种鹅的新群后，由于彼此不熟悉，常常不合群，甚至有"欺生"现象，必须先通过调教让它们合群，这是管理上的一个重点。此时期的中雏鹅处于生长发育时期，而且还要经过第二次换羽，需要较多的营养物质，不宜过早进行粗放饲养，应根据放牧场地草质的好坏，逐渐减少补饲的次数，并逐步降低补饲日粮的营养水平，使青年鹅机体得到充分发育，以便顺利进入限制饲养阶段。如果是舍内饲养，则要求饲料足，定时、定量饲喂，每天喂 3 次，保证营养成分的全面、平衡。

中期限制饲养。中期一般从 100～120 日龄开始至开产前50～60 天结束，这一阶段应对种鹅采取限制饲养。控料阶段分前后两期。前期约 30 天，在此期内应逐渐降低饲料营养，每日由给食 3 次改为 2 次。尽量增加青饲料喂量和鹅的运动，或增加放牧时间，逐步减少每次饲喂的饲料量。饲料中可加入较多的填充粗料（如统糠），锻炼种鹅的消化能力，扩大食道容量。经前期 30 天的控料饲养，后备种鹅的体重比控料前下降约 15%，羽毛光泽逐渐减退，但外表体态应无明显变化，青饲料消耗明显增加。此时，如果后备母鹅健康状况正常，则可转入控料阶段后期。后备母鹅经控料阶段前期饲养的锻炼，采食青草的能力增强，可完全采食青饲料，不喂或少喂精料。经控制饲养，后备母鹅的体重允许下降20％～25％。后备公鹅在控制饲养阶段应与母鹅分群饲养，为了保持公鹅有一定的体重和健康的体质，饲料配比应全期保持在母鹅控料阶段前期的水平，每天补饲两次以上。但必须防治因饲料营养水平过高而提前换羽。

后期加料促产。经限制饲养的种鹅，应在开产前50～60天进入恢复饲养阶段。此时种鹅体质较弱，应逐步提高补饲日粮的营养水平，并增加喂料量和饲喂次数。经20天左右饲养，后备母鹅的体质便可恢复到控料阶段前期的水平。此时，再用同一饲料每天早、中、晚给食3次，逐渐增加喂量。做到饲料多样化，不定量，青饲料充足，增喂矿物质饲料促进母鹅进入"小变"，即体态逐渐丰满。然后增加精料用量，让其自由采食，争取及早进入"大变"，即进入临产状态。后备公鹅应比母鹅提前两周进入恢复期，进入恢复期可用增加料量来调控，每天给食由2次增至3次，使公鹅较早恢复。这一阶段，在管理上的重点之一是进行预防接种，注射小鹅瘟疫苗。一般在产蛋前注射，母鹅在注射疫苗15天后所产的种蛋都可留着孵化，其含有母源抗体，孵出的雏鹅已获得了被动免疫。

60. 为什么要进行限制饲养?

后备种鹅经第二次换羽后，如供给足够的饲料，经50～60天便可开始产蛋。但此时由于种鹅的生长发育尚不完全，个体间生长发育不整齐，开产时间参差不齐，导致饲养管理十分不方便。过早开产，母鹅产的蛋小，种蛋受精率低，达不到蛋的种用标准。因此，这一阶段应对种鹅采取限制饲养，适时开产，比较整齐地进入产蛋期。

61. 后备种鹅限制饲养中需要注意哪些事项？

限制饲养阶段要注意以下方面：

（1）注意观察鹅群动态。在限制饲养阶段，随时观察鹅群的精神状态、采食情况等，发现弱鹅（表现出行动呆滞、两翅下垂、食草没劲、两脚无力、体重轻）、伤残鹅等要及时剔除或进行单独饲喂和护理，可喂以质量较好且容易消化的饲料，到完全恢复后再放牧。

（2）放牧场地选择。应选择水草丰富的草滩、湖畔、河滩、丘陵以及收割后的稻田、麦地等。放牧前，先调查牧地附近是否喷洒过有毒药物，否则，必须经过1周以后或下大雨后才能放牧。

（3）注意防暑。育成期鹅大多处于5~8月份，气温高。放牧时应早出晚归，避开中午酷暑，早上天微亮就应出牧，上午10时左右将鹅群赶回圈舍，或赶到阴凉的树林下休息，到下午3时左右再继续放牧，待日落后收牧，休息的场地最好有水源，便于饮水、戏水、洗澡。放牧时应防止雷阵雨的袭击，如走避不及可将鹅群赶入水中。晚上可让鹅群在运动场过夜，将鹅舍和运动场的门敞开，既有利于通风降温，又便于鹅自由出入。运动场上应点灯以防兽害。

（4）搞好鹅舍的清洁卫生。每天清洗食槽、水槽以及更换垫料，保持垫草和舍内干燥。

62. 通过哪些技术操作可以控制种鹅适时开产？

种鹅适时开产可以节省饲料，有利于种鹅的高产、稳产，种鹅开产整齐、产蛋高峰期整齐、停产换羽时间整齐，这都有利于种鹅的饲养管理、饲料安排、孵化和出雏管理。因此，控制种鹅适时开产能够提高经济效益。

控制种鹅适时开产，要采取综合措施。既要在后期控制种鹅的体重，又不能影响其前期的骨骼和生殖器官的有效发育；既要控制种鹅适时开产，又要在产蛋前诱导其生殖功能迅速达到产蛋的要求。具体操作技术有以下几点：

（1）种鹅日粮营养水平的调控。种鹅培育过程分为育雏、生长、维持、恢复 4 个阶段。每个时期的日粮营养水平应满足：育雏期种鹅能充分发育，生长期不过度发育，维持期保持体重不上升甚至稍有下降，恢复期能稳定地恢复体重，适时进入产蛋期。

（2）采食量的控制。良好的青饲料和精料都会必然地促进母鹅提前开产。一般控料期每日每只鹅的青饲料保证 500 克以上，精料补饲量在 100 克左右。

63. 在种鹅产蛋期需要注意哪些环境条件？

为种鹅群创造一个良好的生活环境，精心管理，是保证鹅群高产、稳产的基本条件。因此，在种鹅产蛋期，要控制以下环境条件：

（1）适宜的温度。鹅羽绒丰满，绒羽含量较多，皮下有脂肪而无皮脂腺，只有发达的尾脂腺，散热困难，所以耐寒不耐热，对高温反应敏感。夏季气温高，鹅停产，公鹅精子无活力；春节过后气温比较寒冷，但鹅陆续开产，公鹅精子活力较强，受精率也较高。母鹅产蛋的适宜温度是 8～25℃，公鹅产壮精的适宜温度是 10～25℃。在管理产蛋鹅的过程中，应注意环境温度。

（2）适宜的光照时间。鹅对光照反应敏感，一定的光照时间对产蛋有影响。种鹅的饲养大多采用开放式鹅舍、自然光照制度，未采用人工补充光照，对产蛋有一定影响。如 10 月份开始产蛋的种鹅，按照自然光照每日只有 10 多小时，必须在晚上开电灯补充光照，使每天实际光照达到 13 小时左右，此后每隔 1 周增加半小时，逐渐延长，直至达到每昼夜光照 15 小时为止，并将这一光照时数保持到产蛋期结束。由于采用人工补充光照，弥补了自然光照的不足，促使母鹅在冬季增加产蛋量。

（3）鹅舍的通风换气。鹅舍封闭较严，鹅群长期生活在舍内，会使舍内空气污浊，氧气减少，既影响鹅体健康，又使产蛋下降。为保持鹅舍内空气新鲜，要注意鹅舍通风换气，及时清除粪便、垫草。要经常打开门窗换气。冬季为了保温取暖，舍内要有换气孔，经常打开换气孔换气，始终保持舍内空气的新鲜。

64. 如何做好休产期母鹅的饲养管理？

当种鹅在经过 1 个冬春繁殖期后，必将进入夏季高温休产期。为了做到既降低休产期的饲养成本，又保证下一个繁殖周期的生产性能，必须根据成年种鹅耐粗饲、抗病力强等特点进行饲养管理。

（1）休产前期的饲养管理。这一时期的工作要点是逐渐减少精料用量、人工拔羽、种群选择淘汰与新鹅补充。停产种鹅的日粮由精改为粗，即转入以放牧为主的粗饲期，目的是消耗母鹅体内的脂肪，促使羽毛干枯，容易脱落。此期饲喂精料次数逐渐减少到每天 1 次或隔天 1 次，然后改为 3～4 天喂 1 次。在这一时期，要保证鹅群充足的饮水。经过 12～13 天，鹅体消瘦，体重减轻，主翼羽与主尾羽出现干枯现象时，可恢复精料饲喂。待体重逐渐回升，放牧饲养 1 个月之后，即可进行人工拔羽。人工拔羽就是人工拔除主翼羽、副主翼羽和主尾羽。拔羽后必须加强饲养管理，拔羽要选择在温暖的晴天、切忌在寒冷的雨天进行，拔羽后的两天内应将鹅圈养在运动场内喂水、喂料、休息，一定不能让鹅下水，以防止毛孔感染引发的炎症。拔羽 3 天后可适当进行放牧与放水，但要避免烈日暴晒和雨淋。随着活体拔毛技术的发展，在种鹅的休产期可进行 2～3 次人工拔羽，每只种鹅可增加收入 8～10 元。休产期的另一个工作要点就是种鹅群的选择与淘汰，主要是根据前次繁殖周期性的生产记录和观察，对繁殖性能低，如产蛋量少、种蛋受精率低、公鹅配种能力差、后代生活力弱的种鹅个体进行淘汰。同时，为保持种群数量的稳定和生产计划的连续性，还要及时培育、补充后备优良种鹅，一般，将种鹅每年的更新淘汰率控制在 25%～30%。

（2）休产中期的饲养管理。这一时期主要是做好防暑降温、放牧管理和保障鹅群健康安全三方面的工作。要充分利用野生牧草、水草、作物等，增加青饲料的饲喂量，以减少饲料成本的投入。因此，在饲养上，要充分利用种鹅耐粗饲的特点，全天放牧，让其采食野生牧草。农作物收获后的青绿茎叶也可用作鹅的青绿饲料。只要青饲料充足，全天可以不补饲精料。管理上，由于夏季气温高，天气变化剧烈，在全天放牧时，要避开中午高温和暴风雨等恶劣天气。放牧过程中要适时放水洗浴、饮水，尤其要时刻关注放牧场地及周围农药喷洒情况，尽量减少不必要的鹅群损害。这一时期结束前，还要对一些残次种鹅进行 1 次选择淘汰。

（3）休产后期的饲养管理。这一时期的主要任务是种鹅的驱虫防疫、提膘复壮，为下一个产蛋繁殖期做好准备。为保障鹅群及下一代的健康安全，前 10 天要选用安全、高效、广谱的驱虫药进行 1 次鹅群的驱虫，驱虫 1 周内的鹅舍粪便、垫料要每天清扫，堆积发酵后再作农田肥料，防止寄生虫的重复感染。驱虫 7～10 天后，根据当地周边的疫情动态，及时做好小鹅瘟、禽流感等一些重大疫病的免疫预防工作。夏季过后，进入秋冬枯草期，种鹅的饲养管理上要抓好青绿饲料的供应和逐步增加精料补充量。人工种植牧草，如适宜秋季播种的多花黑麦草等，或将夏季过剩青绿饲料经过青贮保存后留待冬季供应。精料尽量使用配合料，并逐渐增加饲喂次数和饲喂量，以便尽快恢复种鹅膘情，适时进入下一个产蛋繁殖生产期。在管理上，要做好种鹅舍的修缮、产蛋窝棚的准备等工作。必要时晚间增加 2～3 小时的普通灯泡光照，促进种鹅产蛋繁殖期的早日到来。

65. 如何做好种公鹅的饲养管理？

种公鹅饲养管理好坏直接关系到种蛋的受精率和孵化率。在种鹅群的饲养过程中，始终应注意种公鹅的日粮营养水平和种公鹅的体重、健康等状况。在鹅群的繁殖期，公鹅由于多次与母鹅交配，排出大量精液，体力消耗很大，体重有时明显下降，从而影响种蛋的受精率和孵化率。为了使种公鹅保持良好的配种体况，种公鹅的饲养中，除了和母鹅群一起采食外，从组群开始后，对种公鹅应补充配合饲料。配合饲料中应含有动物性蛋白质饲料，以利于提高公鹅的精液品质。补喂的方法，一般是在一个固定的时间，将母鹅赶到运动场，把公鹅留在舍内，补喂饲料，任其自由采食，这样，经过一段时间（1～2 天），公鹅就习惯于自行留在舍内，等候补喂饲料。开始补喂饲料时，为便于分别公、母鹅，对公鹅可做标记，以便于管理和分群。公鹅的补饲可持续到母鹅配种结束。

如果是人工授精，在种用期开始前 1.5 个月左右，可供给全价配合饲料，特别是蛋白质饲料更要保证。日粮中要求含粗蛋白质 16%～18%，每千克含代谢能 11.29 兆焦。在饲料配制时，可添加 3%～5% 的动物性饲料（鱼粉、蚕蛹等），另加一定量的维生素（以每 100 千克精料中加入维生素 E400 毫克），可有效地提高精液的品质。为提高种蛋受精率，公鹅、母鹅在秋、冬、春季节繁殖期内，每只每天喂谷物发芽饲料 100 克，胡萝卜、甜菜 250～300 克，优质青干草 35～50 克或供给足够的青绿饲料。

种公鹅要多放少关，加强运动，防止过肥，以保持公鹅体质强健。公鹅群体不宜过大，以小群饲养为佳，一般每群 15～20 只。如果公鹅群体太大，会引起互相爬跨、殴斗，影响公鹅的性欲。

七、鹅的保健和疾病防治

66. 鹅病有哪些类型?

鹅常见的疾病类型有营养代谢性疾病、细菌性疾病、病毒性疾病、寄生虫性疾病、中毒性疾病和其他类型的杂症。

鹅的营养代谢性疾病是营养性疾病和新陈代谢紊乱性疾病的总称,是指由于营养物质的绝对和相对缺乏或过多,以及机体受内外环境因素的影响,引起营养物质的平衡失调,出现新陈代谢和营养障碍,导致机体生长发育迟滞,生产力、生殖能力和抗病能力降低,甚至危及生命的病理现象。营养代谢性疾病分为先天性和后天性两种,先天疾病又称营养性疾病,包括碳水化合物、脂肪、蛋白质、维生素、矿物质等营养物质的过剩或缺乏导致的疾病;后天性代谢疾病又称获得性代谢病或与生产有关的疾病,代谢障碍性疾病包括碳水化合物代谢障碍病、脂肪代谢障碍病、蛋白质代谢障碍病、矿物质代谢障碍病及酸碱平衡紊乱。这类疾病的绝大多数与生产或管理有关,使体内一个或多个代谢过程异常改变导致内环境紊乱而引起疾病。营养代谢病常呈群体发病和地方流行性,发病率高,但发病缓慢,病程较长,几天、几周甚至几月;多呈缺乏特征性症状;体温正常或偏低;无传染性;发病与生理阶段和生产性能有关,某些代谢病与遗传因素有关。营养代谢性疾病造成的危害和损失不亚于传染病和寄生虫病,要引起养殖户的重视。

鹅场的细菌性疾病、病毒性疾病和寄生虫性疾病都有可能引发鹅群的整体发病,即鹅场的传染病,传染病的发生都有其特定的致病微生物存在,这些特定的致病微生物包括细菌、病毒、寄生虫和一些传染病蛋白因子。传染病有传染性和流行性两个特点，致病微生物在患病动物体内增殖、排出体外，其他易感动物接触到这种病原微生物后会引起同样的症状，这是传染病的重要特征；通过血清学和病原学等检测方法，可以了解鹅群的感染和免疫状况；耐过动物多数情况下可以产生特异性免疫力，在一定时期内不再感染本病；鹅群感染这类疾病后，具有特征性的临床表现，从感染到发病有一定的潜伏期和病程经过。

中毒性疾病是指由毒物引起的疾病。在一定条件下，一定量的某种物质进入机体后，在组织器官内发生化学或物理化学的作用，从而破坏机体的正常生理功能，引起机体的机能性或器质性病理变化，甚至导致机体死亡，这种物质称为毒物。在临床上，常见的引起动物中毒的原因有：饲喂腐败、发酵的饲料或大剂量饲喂含有一定毒素的饲料，误食有毒植物、农药或喷洒农药的饲料作物，误食被三废（废水、废气、废渣）及重金属污染的草料、饮水或化肥，误食毒虫、毒鼠的药饵，治疗时用药不当等。因此，在进行鹅群放牧饲养时，一定要对放牧场地进行提前调查，确保放牧场牧草、饮水及环境的安全。

其他的杂病主要是指除上述原因外其他因素引起的鹅的疾病，包括中暑、应激综合征、异食癖、软脚病、光过敏等杂症。

67. 如何增强鹅的抵抗力？

增强鹅的抵抗力，对预防和控制鹅病的发生和流行，减少疾病对养鹅业经济效益的影响有重要意义。因此，要提高鹅的抵抗力，主要从以下三方面开展工作：

（1）满足鹅的营养需要。鹅体摄取的营养成分和含量不仅影响生产性能，更会影响健康。营养不足会引起缺乏症，导致机体的抗体水平低下，所以要供给全价平衡日粮，保证营养全面充足。选用优质饲料原料是保证供给鹅群全价营养日粮、防止营养代谢病和霉菌毒素中毒病发生的前提条件。大型集约化养鹅场可将所购进原料或成品料分析化验后，再依据实际含量进行饲料的配合，严防购入掺假、发霉等不合格的饲料，造成不必要的经济损失。小型鹅场和专业户最好从信誉高、有质量保证的大型饲料企业采购饲料。自己配料的养殖户，最好能将所用原料送质检部门化验后再用，以免造成不可挽回的损失。重视饲料的贮存，防止饲料腐败变质。科学设计配方，精心配制饲料，保证日粮的全价性和平衡性。同时，要注重青饲料的合理供给。

（2）保证水质水量。鹅场饮用水应该符合饮用水卫生标准，定期清洁消毒饮水用具，保证饮水洁净卫生；鹅场水上运动场的水也不能被污染。

（3）减少应激。发生生产中，应激因素很多，如捕捉、转群、断喙、免疫接种、运输、饲料转换、无规律地供水供料、饲料营养不平衡或营养缺乏、用药等生产管理因素；温度过高或过低、湿度过大或过小、不适宜的光照、养殖密度过大、有害气体含量过高、突然的音响等环境因素。这些因素可引起鹅的应激反应，轻者影响生长和生产，重者就会危害健康，甚至引起死亡。所以在养鹅生产中尽可能通过加强饲养管理和改善环境条件，避免和减轻应激因素对鹅群的影响，防止应激造成鹅群免疫效果不佳、生产性能和抗病能力降低。

68. 鹅场疾病的综合防治原则和措施有哪些？

随着我国养鹅业的迅速发展，特别是集约化、规模化养鹅场的大量兴起，导致鹅病，尤其是一些新的鹅病或表现为多病因性或非典型性的疾病或传染病，一旦发生，鹅群成批死亡，给养鹅业造成的经济损失很大。鹅疾病防治工作的任务是消灭鹅的主要传染病，控制和减少寄生虫病与普通病，降低发病率、死亡率，提高成活率，使鹅群的内在生产潜能得到充分发挥。因此，必须贯彻"预防为主，防重于治"的方针，采取有效的综合防治措施。现就鹅病的综合防治原则，措施与有关技术概括如下：

（1）强化"预防为主"的原则。随着集约化养鹅业的迅速发展，"预防为主、养防结合、防重于治"这个12字方针显得更为重要。若忽视了预防优先的措施，而忙于治疗鹅病，则势必造成养鹅生产完全陷于被动。只有抓好预防措施的每一个环节，才能使许多鹅病不致发生，一旦发生也能及时控制。执行预防为主的原则，不仅是有关领导的重要任务，同时也是全场每一个工作人员应尽的职责和义务。故每个工作人员应加强责任心，树立防疫意识，管理人员对鹅场环境、鹅舍设备要有充分了解，对鹅群状况要心中有数，每天进行认真检查，发现异常应及时报告或处理，做到及早发现问题、解决问题。同时，要认清预防工作是一项长期的工作，其效果和效益需要经过一定时间才能显现，所以要从长远利益出发，严格遵守有关兽医法规和规章制度，长期坚持做好每一项预防工作。另外，发现疫情要尽早向有关主管部门报告，及时做出正确诊断，迅速采取控制和扑灭措施。

（2）严格的卫生消毒制度。在养鹅场建立严格的卫生消毒管理制度，是认真贯彻"预防为主"原则最重要的措施之一，如果平时做好消毒工作，就可为预防疾病打下良好的基础。保持鹅舍和运动场排水良好，地面干燥，并要求天天打扫，垫料经常更换。鹅场及孵化场工作人员不许在自己家中饲养家禽和从事与家禽有关的业务，养鹅场工作人员所需的蛋及肉产品，必须经检疫无病并由本场供应。人员进入生产区要更换工作服、胶靴、戴工作帽，经紫外线消毒 10～15 分钟，并用 1∶300 的百毒杀水溶液洗手后方可进入鹅场。食槽、饮水器经常刷洗消毒，饲料与饮水保持新鲜、清洁。鹅生活的场地、用具坚持定期消毒，减少病原菌生存和繁殖的机会。发生传染病时要迅速隔离病鹅，死鹅不要到处乱丢，对被污染的地方应进行紧急消毒。另外，还要坚持自繁自养，实行全进全出，确需引入的鹅要隔离饲养 30 天后，经检疫健康方可进入生产区，并及时做好常见疫病的疫苗接种与驱虫工作。在条件允许时，最好实行专业化生产，一个养鹅场只饲养一个品种，更应避免畜、禽混养。从孵化、雏鹅饲养到成年鹅上市，都应采取全进全出，一批出笼后，鹅舍经清洗、消毒后空置1～2周，再引进下一批雏鹅。

（3）定期预防接种。在现代化、集约化养鹅场，饲养数量大，相对密度较大，随时都有可能受到传染病的威胁，为了防患于未然，在平时就要有计划地对健康鹅群进行免疫接种，对常见的传染病须遵照免疫程序，逐只进行疫苗注射。但很多人认为，书本上或某个养殖场及某个地域制定的免疫程序，可不加修改地照搬照用，这其实是个误区。因为免疫程序的制定是依据当地疫病的实际可能发生的情况制定的，只有适合当地的实际，才能解决本地疫病的发生与控制。何况免疫过程还受其他许多因素影响：如受遗传因素的影响，不同的品种或个体对免疫反应存在着强弱差异；受母源抗体的影响，当幼雏体内存在较高水平的母源抗体时，其抗体可能会抵消接种的抗原，故接种前最好先测定幼雏的母源抗体水平，依据母源抗体水平的高低，来确定首次疫苗免疫注射的时间；受动物营养状况的影响，当动物体缺乏维生素、微量元素、氨基酸等时，其免疫器官发育不完善，功能下降；受环境因素的影响，因为动物体的免疫功能，在一定程度上受到其神经、体液和内分泌的调节，当以上环境因素出现偏差，会使动物体出现不同程度的应激反应，导致抗原应答能力下降；另外，微生物之间的相互干扰，也会造成免疫效果不佳。因此，免疫程序只有依据本地疫病流行情况、畜禽种类、日龄、饲养管理、畜禽的健康状况，母源抗体的干扰、疫苗的性质和类型、免疫途径等多方面的实际制定，才能克服免疫失败的问题。

（4）加强药物预防。防治鹅的疫病，除了前述正确和合理使用疫苗或菌苗外，使用药物进行防治，也是不可忽视的一项措施。同时，有许多药物对鹅有调节代谢、促进生长、改善消化吸收、提高饲料利用率等作用，成为科学养鹅、提高生产效率的重要手段，所以越来越多的药物应用于养鹅业中。但在药物预防的过程中，应本着高效、方便、经济的原则建立科学的药物防治措施。应根据不同鹅群的饲养特点和不同疾病，选用药物的种类和使用方法，最好使用经药敏试验测定的敏感药物。混饲或混水给药时，必须将药物与饲料充分混匀，或使药物完全溶于水中，以防引起药物中毒和药量不足。要防止细菌产生耐药性，要掌握抗生素和化学药物的适应证、剂量、疗程，还可将几种抗生素或磺胺类药物交替使用。但鹅在屠宰前 2 周不宜使用药物，以免肉中残留，尤其抗寄生虫药如抗球虫药的用药时间较长，药品常在肉及蛋中残留，被人食用后严重危害人体健康，应引起高度重视。另外，如果药物添加剂的用量过大也可能引起急性或慢性中毒。对于经常放牧下水的鹅群，更易被剑带绦虫感染，因此，对剑带绦虫病的防治工作也更为细致。

（5）科学的饲养管理。养鹅场常用接种和药物进行预防，但不是唯一的途径。有的传染病没有疫苗可用，也有一些病原微生物耐某些药物有抗药性，因此，还必须从日常的饲养管理中加强防疫工作，这是预防疾病的重要措施。鹅疾病发生都有一定的外因，如果鹅体健壮，抵抗力强，外因就不容易起作用，疾病就会少发生。故除了选择优良、健壮种鹅作种外，平时还要精心喂养，加强管理。科学的饲养管理包括"六要三不"："六要"指一要饲料配合合理，二要喂料定量，三要定时饲喂，四要采食均匀，五要饮水充足，六要饲料、饮水、用具清洁；"三不"指不喂发霉变质的饲料，不喂污水、臭水，不在疫病流行的地区放牧。同时还要做到保持适宜的温度、湿度，保持饲养场地的清洁，保持圈舍的干燥，作好防寒、防潮、防暑工作，做到饲养的各个环节都要科学、合理、精细，以增强鹅的体质，提高对疾病的抵抗能力。

（6）认真执行检疫、隔离和封锁。①检疫。通过各种诊断方法对鹅及产品进行疫病检查。通过检疫可及时发现病鹅，并采取相应的措施，防止疫病的发生与散播。为保护本场鹅群，应做好以下几点检疫工作：A. 种鹅要定期检疫，对垂直传播的疾病，如白血病、慢性呼吸道病等呈阳性的反应者，不得作为种用。B. 从外地引进雏鹅或种蛋，必须了解产地的疫情和饲养管理状况，有垂直传播病史种鹅场的蛋、雏，不宜引种。C. 养鹅场要定期抽样采血样进行抗体检测，依据抗体水平高低，及时调整免疫程序。D. 对饮用水、饲料、鱼粉、骨粉等动物性饲料进行细菌学检查，如含菌量超标或污染病原菌等有害因素时，不得使用。E. 定期对孵出的死胚、孵化器中的绒毛及对鹅舍、笼具在消毒前后采样做细菌学检查，以确定死胚的原因，了解孵化器的污染程度以及消毒效果，便于及时采取相应的措施。②隔离。通过各种检疫的方法和手段，把病鹅和健康鹅区分开来，分别饲养，目的为了控制传染源，防止疫情继续扩大，以便将疫情限制在最小的范围内就地扑灭。同时便于对病鹅治疗和对健康鹅进行紧急免疫接种等防疫措施。隔离的方法根据疫情和场内具体条件不同，要区分对待，一般可分为三类：A. 病鹅，包括有典型症状或类似症状或其他特殊检查为阳性的鹅，此类鹅是危险的传染源。若是烈性传染病，应根据有关规定认真处理。若是一般性疾病则进行隔离，病鹅为少量时，将病鹅剔出隔离，若是数量较多时，则将病鹅留在原舍，对可疑鹅群隔离。B. 可疑感染鹅。指未发现任何症状，但与病鹅同笼、同舍或有明显接触，可能有的已处于潜伏期的鹅，也要隔离。可做药物防治或紧急防疫。C. 假定健康鹅。除上述两类外。场内其他鹅均已属于假定健康鹅，也要注意隔离，加强消毒，进行各种紧急防疫。③封锁。鹅群一旦发生小鹅瘟、鹅出败、鹅病毒性肝炎等急性流行性传染病时，要及时封锁疫区，限制人、动物和其产品进出养鹅场。对于鹅场和环境作彻底消毒，病鹅、死鹅及其排泄物、污染物等要进行消毒处理，鹅舍、场地、用具等要严格消毒，灭菌处理，及时杀灭病源，控制疫情发展。经 2～3 周确认已无疫情的，也要经最终消毒处理、杀灭病源后，方可解除畜群场地的疫情警报。

（7）建立检疫监测系统。建立检疫监测系统，通过定期或不定期地测定舍内空气、器物表面病原菌的种类与数量以及饮水中细菌总数和大肠杆菌的数量，有组织地收集流行病学的信息，可使鹅病诊断技术达到系统化、标准化、快速化，不但可测定病原菌对抗菌药物的敏感性，减少无效药物的使用，节约经济开支，而且可注意新发疫病的动向和特点，及时诊断，尽快采取有针对性的有效防疫措施。另外，通过定期对鹅群中抗体效价的变化规律的监测，可确定适宜的免疫接种时间，减少其盲目性，能更有效地预防疾病。如果通过抗体监测，检出阳性带菌鹅，还可以予以淘汰，切断污染源。对饲料进行监测，在预防鹅病中也是重要的一环。饲料中有些有害物质，如黄曲霉毒素、劣质的鱼粉、添加的食盐和药物是否超量等，检出后少用或不用，或经处理后再用，可以减少中毒病的发生。或因饲料存放不当，时间过长，可能污染致病菌，检出经消毒后再使用，也可以防止传染病的发生。饲料监测时更重要的是还能检查其中营养成分是否合理，如钙磷比例是否适当，蛋白质、氨基酸和糖等物质是否适当，特别是维生素和微量元素的含量是否正常，以便及时调整配方，可以减少代谢病的发生。

69. 如何做好鹅场的消毒工作？

鹅场消毒就是用化学、物理或生物的方法杀灭鹅舍及其周围环境中的病原微生物和寄生虫，预防疫病发生和阻止疫病蔓延，是一项极其重要的防疫措施。建立鹅场科学、严格的消毒制度，要做到以下几方面的工作：对养鹅生产的相关环境要建立定期消毒制度；消毒的范围应该包括鹅舍、生活环境、孵化室、育雏室、饲养工具、饲料加工场地、储藏室等，周围道路、交通运输工具、工作人员以及动物的排泄物和分泌物也是消毒的对象。修建鹅舍时，应考虑并实施在进出口处设立进场用的消毒池、洗手间、更衣室等。养鹅场内的环境消毒，一般应该在每个月消毒 1 次，在传染病发生时，应及时采取措施随时消毒。

日常的消毒范围包括：

（1）鹅舍的消毒。鹅舍的消毒通常是指鹅群被全部销售或屠宰后对鹅舍进行的消毒。正常的消毒程序是先清扫，除去灰尘，然后连同垫草一起喷雾消毒，而后垫草运往处理场地堆沤发酵或烧毁，一般不再用作垫草。对鹅舍内的饲养工具、料槽、水槽等先用清水浸泡刷洗，然后用消毒药水浸泡或喷雾消毒。对鹅舍地面、墙壁、支架、顶棚等各个部分，能洗刷的地方要先洗刷晾干，再用消毒药水喷雾消毒，在下批鹅群进场前两天再进行熏蒸消毒。新换的垫草常常带有霉菌、螨及其他昆虫等，因此在搬入鹅舍前必须进行翻晒消毒。垫草的消毒可用甲醛、高锰酸钾熏蒸；最好用环氧乙烷熏蒸，环氧乙烷的穿透性比甲醛强，且具有消毒、杀虫两种功能。

（2）孵化室的消毒。孵化室的消毒效果受孵化室总体设计的影响，总体设计不合理可造成相互传播病原，一旦育雏室或孵化室受到污染，则难于控制疫病流行。孵化室通道的两端通常要设消毒池、洗手间、更衣室，工人及工作人员进出必须更衣、换鞋、洗手消毒、戴口罩和工作帽。雏鹅调出后、上蛋前都必须进行全面彻底的消毒，孵化器及其内部设备、蛋盘、搁架、雏鹅箱、蛋箱、门窗、墙壁、顶篷、室内外地坪、过道等都必须进行清洗喷雾消毒。第 1 次消毒后，在进蛋前还必须再进行 1 次密闭熏蒸消毒，确保下批出壳雏鹅不受感染。此外，孵化室的废弃物不能随便乱丢，必须妥善处理，因为蛋壳等带病原的可能性很大，稍有不慎就可能造成污染。

（3）育雏室的消毒。育雏室的消毒和孵化室一样，每批雏鹅调出前后都必须对所有饲养工具、料槽、水槽等进行清洗、消毒，对室内外地坪必须清洗干净，晾干后用消毒药水喷洒消毒，入雏前还必须再进行一次熏蒸消毒，确保雏鹅不受感染。育雏室的进出口必须设立消毒池、洗手间、更衣室，工作人员进出必须严格消毒，并戴上工作帽和口罩，严防带入病菌。

（4）饲料仓库与加工厂的消毒。家禽饲料中动物蛋白是传播沙门氏菌的主要来源，如外来饲料带有沙门氏菌、肉毒梭菌、黄曲霉菌及其他有毒的霉菌，必然造成饲料仓库和加工厂的污染，轻则引起慢性中毒，重则出现暴发性中毒死亡。因此，饲料仓库及加工厂必须定期消毒，杀灭各种有害病原微生物，同时也应定期灭虫、杀鼠，消灭仓库害虫及鼠害，减少病原传播。库房的消毒可采用熏蒸灭菌法，此法简单方便，效果好，可节省人力、物力。

（5）饮水消毒。养禽场或饲养专业户，应建立单独的饮水设施，对饮水进行消毒。按容积计算，每立方米水中加入漂白粉6～10克，搅拌均匀，可减少水源污染的危险。此外，还应防止饮水器或水槽的饮水污染，最简单的办法是升高饮水器或水槽，并随日龄的增加不断调节到适当的高度，保证饮水不受粪便污染，防止病原和寄生虫的传播。

（6）环境消毒。禽场的环境消毒包括禽舍周围的空地、场内的道路及进入大门的通道等。在正常情况下，除进入场内的通道要设立经常性的消毒池外，一般每半年或每季度定期用氨水或漂白粉溶液，或来苏儿进行喷洒，全面消毒，在出现疫情时应每3～7天消毒1次，防止疫源扩散。

常规的消毒方法有：

（1）物理消毒法。物理消毒法是指利用物理因素杀灭或清除病原微生物及其他有害微生物的方法，鹅场的物理消毒主要包括自然净化、机械除菌、热力消毒灭菌和紫外线消毒等。

①煮沸法。适用于金属器具、玻璃器具等的消毒，大多数病原微生物在100℃的沸水中几分钟内就被杀死。

②蒸汽法。适用于布类、木质器具等的消毒，可用蒸笼蒸煮，也可用高压蒸汽蒸煮。

③紫外线法。许多微生物对紫外线敏感，可将物品放在直射阳光中，也可放在紫外灯下进行消毒，进场人员则用紫外线照射。

④焚烧法。此法是最彻底的消毒方法，可用于垫草、尸体、死胚蛋和蛋壳等的消毒。可用火焰喷射法对金属器具、水泥地面、砖墙进行消毒。对动物尸体也可浇上汽油等点火焚烧。

⑤机械法。即清扫、冲洗、通风等，不能杀死微生物，但能降低物体表面微生物的数量。

（2）化学消毒法。可以将病原微生物致死或使之失去危害性的化学药物统称为消毒剂，一般采用喷洒、浸泡等方法。使用消毒剂，首先需要选用对特定病原微生物敏感的品种，因为每种消毒剂往往只对几种特定的病原微生物有作用，而对其他的则效果不好，甚至毫无作用。其次要按规定的浓度使用，通常在一定范围内消毒效果与药物浓度成正比。浓度过低对病原体不起杀灭作用，浓度过高造成浪费，甚至抑制消毒效果。此外，使用消毒剂时要求温度在 20～40℃，作用时间 30 分钟以上才能致死病原体。同时，还要尽量减少环境中有机物（如粪便等）的含量，因为有机物能与消毒剂结合，从而使之失效。当使用多种混合消毒剂时，要避免使用相互颉颃的药物，以免互相作用而干扰消毒效果。如酸性和碱性的消毒剂混合使用时，由于中和反应会使药效大为下降。

①喷雾消毒。将化学消毒剂配成一定浓度的溶液，用喷雾器对需要消毒的地方进行喷洒消毒。大部分化学消毒剂都可采用此法。消毒剂使用浓度可参考产品说明书。

②浸泡消毒。将需消毒的物品、器具浸泡在一定浓度的化学消毒剂中进行消毒。

③熏蒸消毒。常用的是福尔马林配合高锰酸钾进行的熏蒸消

毒。适应密闭空间的消毒，环境温度越高（不低于 24℃）、湿度越大（不小于 60%），消毒的效果越好。药物使用剂量是每立方米空间用 40 毫升福尔马林，20 克高锰酸钾。使用时将福尔马林倒入已加入高锰酸钾的容器，用木棒搅拌，人员应立即撤离。经 12～24 小时后方可将门、窗打开通风。对种蛋或带雏消毒时，浓度应减低，时间应缩短。

（3）生物消毒法。生物消毒法实际上也是一种物理消毒法，即利用某些厌氧微生物对鹅场废弃物中有机质分解发酵所产生的生物热，来达到杀灭病原微生物的方法。常用于粪便、垫料、垃圾和尸体的处理。一般采用堆沤法，将粪便、垫料和尸体运到鹅舍百米外的地方，在较坚实的地面上堆成一堆，外盖 10～20 厘米厚的土层，经过一段时间发酵，堆内温度可达 60～70℃，经 1～2 月时间，堆中的病原微生物可被杀灭，而堆积物将成为良好的农家肥。地上堆肥还有台式、坑式之分，此外还有地面泥封堆肥、药品促沤堆肥等方法。

常用的消毒药物有以下几种：

（1）百毒杀。本品为双链季铵盐广谱消毒剂，无毒、无色、无臭、无刺激性，对病毒、细菌、真菌孢子、芽孢及藻类均有强力杀灭作用。可用于饮水、各种器物、周围环境的消毒，市售商品为无色、透明、黏稠液体，常用消毒浓度为 30% 及 50%，环境消毒及严重污染场地的消毒按 1∶2 000～5 000 倍稀释；饲槽、饮水器、饲养工具等消毒为 1∶5 000～10 000；饮水消毒为 1∶10 000～20 000。

（2）煤酚皂溶液（来苏儿）。本品为褐色油状液体，有特殊臭味，对皮肤刺激性大。洗手用浓度 1%～2%，衣物浸泡为 3%，鹅场一般使用 3%～5% 的浓度，可用于禽舍、墙壁、运动场、用具、粪便、进出口处消毒，5%～10% 用于排泄物的消毒。

（3）过氧乙酸。市售产品含过氧乙酸 20%～40%。器皿、塑料制品、橡胶制品、衣物浸泡及手的消毒常用浓度为 0.04%～

0.2％，环境、禽舍、饲槽、水槽、仓库的消毒以及孵化室的熏蒸常用浓度为3％～5％。本品宜低温储藏，有刺激性，对金属制品有腐蚀性。对有色织物有褪色作用，勿与人体接触，对细菌、芽孢、病毒有杀灭作用。

（4）新洁尔灭。市售产品含量5％～10％，为无色透明有杏仁味的液体。0.01％～0.05％用于黏膜消毒，0.1％溶液用于禽舍喷洒及种蛋消毒，0.5％～1％用于饲养工具等的消毒。本品对多种革兰氏阳性及阴性细菌有杀灭作用，不能与碘酒、高锰酸钾及肥皂共用。

（5）环氧乙烷。本品为易挥发液体，沸点10.7℃，遇明火易燃烧、爆炸。常用1份环氧乙烷和9份二氧化碳混合，高压钢瓶保存。为广谱高效气雾消毒剂，比甲醛蒸气穿透力强。对病毒、细菌、芽孢、霉菌有强力杀灭作用，也常用于垫草的熏蒸消毒，兼有杀虫作用，常用量每立方米700～900毫升。对人和动物有一定毒性，应避免和人体及动物接触。熏蒸后24小时应开启门窗通风。

（6）氢氧化钠（烧碱、苛性钠）。浓度为1％～3％的溶液用于鹅舍、器具、墙壁、运动场、运输车辆的消毒或污染禽场突击性消毒，加热消毒效果更好。因该溶液对金属、木器、纺织品和动物皮肤等有腐蚀性，使用时须特别注意。消毒后必须及时用水冲洗，然后才可使用。

（7）生石灰。10％～20％石灰乳喷洒或涂刷，用于墙壁、地面、粪池、污水沟等的消毒，也可将生石灰粉直接撒用，要现配现用。

（8）碘酒。碘酒为局部皮肤消毒药，常用浓度为2％酒精溶液。

（9）高锰酸钾。本品为紫色针状结晶。可用于皮肤、黏膜、创面冲洗、饮水、种蛋、容器、用具、禽舍等的消毒，与甲醛配合可作熏蒸消毒。0.01％溶液用于消化道消毒，0.1％溶液用于皮肤、创面冲洗及饮水消毒，0.2%～0.5%用于种蛋浸泡消毒，2%～5%用于饲具、容器的洗涤消毒。本品为强氧化剂，忌与甘油、糖、碘等合用，要现配现用。

（10）漂白粉。本品为粉剂，含有效氯25%～30%。饮水消毒每立方米水加入本品6～10克，饲槽、饮水器消毒常用浓度为3%，场地及车辆消毒常用10%～20%乳剂喷洒。本品为强氧化剂，不能与金属物品、有色织品接触，对细菌、病毒有杀灭作用，高浓度对芽孢有杀灭作用。

（11）甲醛。市售产品含38%～40%甲醛。为无色液体，有刺激性臭味，放在冷处（9℃以下）易聚合成多聚甲醛，产生白色沉淀，加少量乙醇可防止聚合。杀菌力强大，对芽孢、霉菌和病毒也有杀灭作用。常用5%～10%甲醛溶液喷洒。用本品10毫升，加高锰酸钾7克混合可作熏蒸消毒（每立方米空间的用量）。

（12）氯胺。市售产品含有效氯11%。饮水消毒，每升水加本品2～4毫升，1%溶液常用作种蛋消毒（浸泡1.5～2分钟），0.5%～1%溶液用作喷洒消毒，宜现用现配，对金属及有色织物有氧化作用。

（13）酒精。酒精为无色有刺激性液体。75%的酒精常用作局部皮肤消毒和手的擦拭消毒，95%的酒精常作灯用。

（14）草木灰水。浓度为30%的新鲜草木灰水可用于禽舍地面、污水沟等的消毒。

（15）克辽林（臭药水）。浓度为5%～10%的溶液用于禽舍、墙壁、运动场、用具、排泄物及禽舍进出口处消毒。

（16）复合酚（菌毒敌、菌毒灭、菌毒净）。浓度为0.3%～1%的溶液喷洒用于禽舍、笼具、运动场、运输车辆、排泄物的消毒。忌与碱性物质和其他消毒药合用。

（17）威力碘（络合碘溶液）。1∶60～200稀释后带禽喷雾消毒，1∶200～400稀释供饮水用，1∶200稀释供种蛋浸泡消毒

10 分钟，孵化器等器具可按 1：100 稀释后浸泡或洗涤消毒。

（18）优氯净（二氯异氰尿酸钠）。浓度为 0.5%～10% 的溶液喷洒、浸泡、擦拭消毒用具（15～30 分钟），5%～10% 溶液消毒地面（1～3 小时）。

制订科学、合理的消毒程序。消毒时，先要全群出舍，然后通过机械清除的方式，将垫料、粪便等废弃物排出舍外，并用清水彻底冲洗鹅舍、工具和设备。对有疫病污染的鹅舍，还要铲除表土层。随后，在鹅舍内喷洒消毒液，将工具设备进行曝晒等消毒处理，工具设备回舍后再行清洗。然后封闭鹅舍进行熏蒸消毒。最后将鹅舍空置 2～4 周，到使用前再洗去残余的消毒剂，晾干，鹅舍方可投入使用。鹅群引入后的生产区应全部封锁。除了进行这种彻底的终末消毒外，还要针对某些特定疫病进行定期的消毒。对发病而未淘汰的鹅群还要进行临时性消毒工作，以消灭排放出来的病原微生物，遏制疫病传播，为疾病的治疗创造一个良好的外部环境。舍外距鹅舍墙脚（包括廊道和排水沟）10～15 米范围内也要清除杂草并喷洒消毒液，必要时还需深翻表土或更新表土 20～30 厘米。按要求清扫消毒时，关键是时间要充足，清扫范围、消毒程度要彻底。清理消毒前舍内饲料不能转舍或留存使用，清扫时应注意不要将饲料散落在地上，以免招来鼠、鸟。若系发病鹅群，则垫料也要喷湿消毒，以免含病原体的尘土飞扬。清理出的粪便、垫料必须在远离厂区（最好 100 米以上）的安全固定地点堆沤，必要时可混拌消毒药或晒干烧毁，以保安全。舍门前消毒槽内的消毒液要定期更换，人员和车辆出入都要消毒。生产正常的鹅场也要有定期的消毒措施，日常清理和消毒中排出的废物最好能和沼气工程衔接起来，同时还应注意场内生态环境的改造和绿化。

水源的消毒是养鹅场消毒工作的另一个重点。鹅离不开水，在当前的养鹅模式下，水面成为养鹅的重要资源，尤其是在一些水面少或环境生态破坏比较严重的地区。水作为养鹅生产的重要资源，水质的好坏对鹅的健康和生产水平的发挥产生重要影响，然而，一直以来，水质的污染问题却没有得到重视。近年，随着养鹅业的快速发展，特别是鹅反季节生产的广泛开展，水质污染对养鹅生产的不利影响愈发明显和严重。在当前的养鹅生产中，除部分有条件的鹅场利用天然河流进行养鹅外，绝大多数养殖户依靠池塘和水库养鹅，采用"鱼-鹅"模式。由于对水质污染没有引起足够的重视，使得在生产中呈现出许多亟待解决的问题，如种鹅死亡率高、种蛋受精率和孵化率低、雏鹅质量差等。其中很重要的一个原因就是水质污染严重，导致病原微生物及其释放的毒素过多。为保证鹅的健康和生产水平的发挥，必须保证鹅场洗浴池有良好的水质环境，即要有效控制水体的细菌污染。具体从以下几方面做：

（1）要有良好的水源。鹅场最好选流动性好、水面大的天然水域，如果不具备这些条件，利用池塘和小水库养鹅，就必须保证水体的流动，使水以一定的速度进行更新，要保证外来水的质量，如导入的河流水、山涧水等。

（2）如果是利用池塘养鹅，水体极易受到来自两方面的污染，一方面是鹅排出的粪便造成的污染，另一方面是鱼吃剩饲料残渣及死鱼的尸体造成水质控制比较难。前一方面无法回避，后一方面可以通过选择所养鱼的种类来减少甚至不投饲料，如鲢鱼、鲫鱼等，将这些污染降至最低。

（3）要保证养殖水面足够的宽度和深度，一般水深要求0.5～0.8 米，每平方米水面至多容纳 2～3 只成年鹅。饲养密度太小，浪费水面；饲养密度过高，则导致水体污染严重，影响鹅的健康和生产水平。

（4）对于利用池塘养鹅的养殖户，最好定期对池塘消毒，保证每 10～15 天对池塘水体消毒 1 次。尤其是在炎热的季节进行反季节生产的过程中，通常用漂白粉；每年在非生产季节和放牧季节干塘 1 次，用石灰和太阳紫外线消毒。

（5）利用益生菌降低水体病原微生物的滋生及其毒素的排放。一方面在饲料中添加益生菌，控制鹅肠道内病原微生物的数量，减少鹅粪便中病原微生物的排放；另一方面则定期在水中有针对性地投撒抑制水体病原菌繁殖的益生菌，以控制水体有害菌的密度。要注意的是，在使用益生菌控制有害菌的同时，不能使用消毒药品或试剂对水体进行消毒。

70. 鹅群常用的免疫接种方法有哪些？

免疫接种是激发家禽机体产生特异性免疫力，使易感动物转化为非易感动物的重要手段，是预防和控制疾病的重要措施之一。为了鹅场的安全，必须制定适用的免疫程序，进行免疫检测。

免疫接种可分为群体免疫法和个体免疫法。所谓群体免疫法，是针对群体进行的，主要有经口免疫法（喂食免疫、饮水免疫）、气雾免疫法等。这类免疫法省时省工，但有时效果不够理想，免疫效果参差不齐，特别是幼雏更为突出。所谓个体免疫法是针对每只禽逐个地进行，包括滴鼻、点眼、涂擦、刺种、注射接种法等。这类方法效果好，但费时费力，劳动强度大。

各种接种方法的具体操作如下：

（1）滴鼻与点眼法。用滴管或滴注器，也可用带有16～18号针头的注射器吸取稀释好的疫苗，准确无误地滴入鼻孔或眼球上1～2滴。滴鼻时应以手指按压住另一侧鼻孔，疫苗才易被吸入。点眼时，要等待疫苗扩散后才能放开禽只。

（2）刺种法。接种时，先按规定剂量将疫苗稀释好后，用接种针或大号缝纫机针头或蘸水笔尖蘸取疫苗，在翅膀内侧无血管处的翼膜上刺种。

（3）涂擦法。在禽痘接种时，先拔掉禽腿的外侧或内侧羽毛5～8根，然后用无菌棉签或毛刷蘸取已稀释好的疫苗，逆着羽毛生长的方向涂擦 3～5 下。

(4) 注射接种法。根据疫苗注入的组织部位不同，注射法又分皮下注射和肌内注射。本法多用于灭活疫苗（包括亚单位疫苗）和某些弱毒苗的接种。皮下注射法和肌内注射法，在进行注射时，部位有胸部、腿部肌肉和肩关节附近或尾部两侧。胸肌注射时，应沿胸肌呈 45°角斜向刺入，避免与胸部垂直刺入而误伤内脏。胸肌注射法适用于较大的禽。

(5) 经口免疫法。又分为喂食免疫法和饮水免疫法。

①饮水免疫法。饮水免疫的疫苗必须是高效价。在饮水免疫前后的 24 小时不得饮用任何消毒药液，最好加入 0.2％脱脂奶粉；稀释疫苗用的水最好是蒸馏水，也可用深井水或冷开水，不可使用有漂白粉等消毒药物的自来水。根据气温、饲料等的不同，免疫前停水 2～4 小时，夏季最好夜间停水，清晨饮水免疫。饮水器必须洁净且数量充足，以保证每只鹅都能在短时间内饮到足够的疫苗量。大群免疫要在第二天以同样方法补饮 1 次。

②喂食免疫法（拌料法）。免疫前应停喂半天，以保证每只鹅都能摄入一定的疫苗量。稀释疫苗的水以不超过室温为宜，然后将稀释好的疫苗均匀地拌入饲料，通过吃食而获得免疫。已经稀释好的疫苗进入体内的时间越短越好。因此，必须有充足的饲具并放置均匀，保证每只鹅都能吃到。

(6) 气雾免疫法。使用特制的专用气雾喷枪，将稀释好的疫苗气化喷洒在禽只高度密集的禽舍内，使禽只吸入气化疫苗而获得免疫。实施气雾免疫时，应将禽只相对集中，关闭门窗及通风系统。

71. 怎样预防和治疗鹅群常见的营养缺乏病？

鹅的营养缺乏病主要有维生素 A、维生素 B_2、维生素 E、维生素 D、维生素 K 和微量元素缺乏引起的营养代谢病。

（1）维生素 A 缺乏症。鹅因日粮中维生素 A 供给不足或机体吸收过少导致。各种年龄鹅均可发生，以冬季和早春缺乏青绿饲料时多见。

【病因】长期使用谷物、油饼、糠麸、马铃薯等胡萝卜素含量少的饲料，或缺乏动物性饲料的情况下，极易引起维生素 A 的缺乏；消化道及肝脏疾病，可引起维生素 A 吸收不足；饲料长期存放、发热、霉败、酸败、曝晒及饲料中缺乏抗氧化剂，都能引起维生素 A 和胡萝卜素的破坏、分解；禽群运动不足，饲料中缺乏矿物质、饲养条件不良等也是诱发该病的重要因素。

【临床症状】主要表现为生长发育不良，器官黏膜损害，上皮角化不全，视觉障碍及胚胎畸形。有些雏鹅眼睑粘连肿胀，剥开可见有白色干酪样分泌物沉积，有的眼球下陷、失明。病情严重者可出现神经症状，运动失调，也易发生消化道、呼吸道的疾病，引起食欲不振、呼吸困难等症状。成年鹅缺乏维生素 A，产蛋率及种蛋受精率、孵化率均降低，也可出现眼、鼻排泄物增多及黏膜脱落、坏死等症状。种蛋孵化初期死胚较多，出壳雏体质虚弱，易患眼病及感染其他疾病。

【防治措施】防治雏鹅的先天性维生素 A 缺乏症，首先是产蛋母鹅的饲料中必须含有充足的维生素 A，同时应该注意饲料的保管，防止发生酸败、发酵、产热和氧化，以免维生素 A 被破坏。病鹅的治疗可在日粮中补充富含维生素 A 的饲料，如鱼肝油及胡萝卜、三叶草等青绿饲料。

（2）维生素 B_2 缺乏症。维生素 B_2 又称核黄素，缺乏时可严重影响动物细胞生物氧化过程，导致糖、蛋白质、脂肪代谢障碍和机能障碍。鹅主要表现为生长发育阻滞，羽毛卷曲，蹼爪卷缩，飞节着地，瘫痪等症状。临床上以雏鹅多见。

【病因】笼养或圈养条件下，长期单纯饲喂谷粒、碎大米、米饭等，或是日粮配合不当，如禾谷类、豆类及其副产品、块根类饲料比例过高（这些饲料维生素 B_2 含量少），青绿饲料缺乏，

则可引起维生素 B_2 缺乏症。饲料曝晒或添加碱性成分可造成维生素 B_2 破坏而引起缺乏；消化系统的疾病可影响肠对维生素 B_2 的吸收；某些生理原因引起的消耗过多也有可能引起维生素 B_2 缺乏症。

【临床症状】常见于 15～30 日龄幼鹅。临床可见生长发育缓慢，消瘦，羽毛卷曲、蓬乱、无光泽，腹泻，食欲减退。随着病程进一步发展，蹼爪向内卷缩，表面干燥，两胸不能站立，病雏以飞节着地，两翅展开；驱赶时，以两翅扑打地面，飞节者地跳跃前进，最后常衰弱而死亡。成年鹅缺乏维生素 B_2 症状不明显，一般可见产蛋量减少，受精率降低，孵化后期死胚率增加，死胚羽毛萎缩，脑膜水肿，爪弯曲，初生雏弱雏较多，脚麻痹，绒毛卷起成团。

【防治措施】治疗本病可内服核黄素制剂，雏鹅每只 0.1 毫克，成年鹅每只 10 毫克；也可拌饲，雏鹅每千克饲料 4 毫克，成年鹅或种鹅每千克饲料 10～20 毫克，连用 1～2 周。预防本病可在日粮中添加富含维生素 B_2 的酵母、青绿饲料、蚕蛹粉等，避免饲料曝晒或混以碱性物质，必要时可根据需要向饲料补充一定量的维生素 B_2 制剂或复合维生素制剂。

（3）维生素 D、钙、磷代谢障碍。鹅的维生素 D 与钙磷代谢障碍是一种因维生素 D 缺乏或其他原因引起的一种以骨骼营养不良、生长发育异常为主要特点的综合征。临床上幼雏表现佝偻病、软脚病，成禽表现软骨症及产软壳蛋、薄壳蛋等病症。

【病因】本病主要发生于舍饲情况下，尤其是育雏期及产蛋高峰期多见。舍饲条件下，鹅得不到阳光照射，皮肤和羽毛中的 7-脱氢胆固醇经紫外线照射转变成维生素 D 的过程发生障碍，因而必须从饲料中获得足够量维生素 D，而当饲料本身维生素 D 不足或鹅有消化道、肝脏疾病时，都可引起机体维生素 D 缺乏。日粮中含钙、磷不足或钙、磷比例失调也出现本病。

【临床症状】雏鹅主要表现为佝偻病和软脚病相关症状。病雏生长缓慢，羽毛生长不良，喙和爪柔软易弯曲。病初食欲一般正常，脚虚弱无力，常蹲伏，需拍动双翅移动身体，有的有异食行为。成年鹅可患骨质疏松症，步态异常，产薄壳蛋或软壳蛋，异食，严重的停产，趾骨、喙变软，有的可出现强直性痉挛症状。

【防治措施】因维生素D不足引起的，应多给鹅照射阳光，增喂富含维生素D的饲料，在饲料中添加鱼肝油（每千克饲料10～20毫升）、肝粉等，也可直接补充维生素D制剂；因钙、磷含量不足或比例不当引起的，应通过补充骨粉、骨肉粉、石粉、磷酸氢钙等迅速恢复钙、磷总量，调整钙、磷比例；钙不足的也可使用维丁胶性钙注射液，雏鹅每只0.5毫升，成年鹅每只1.2毫升，连用2～3天，并配合维生素D治疗。

预防本病应按饲养标准合理搭配日粮，供给鹅营养平衡日粮、有条件的应多让鹅接受日光浴。

(4) 维生素E及微量元素硒缺乏症。维生素E的缺乏与微量元素硒的缺乏常相互联系，所谓维生素E与微量元素硒缺乏症即是指家禽在缺乏维生素E或微量元素硒的情况下所发生的以骨骼肌、心肌营养不良和变性，渗出性素质、小脑软化，肝细胞坏死，胰变性，生长发育不良、繁殖机能障碍及免疫力下降为特征的综合征。幼雏多见有白肌病、小脑软化症，渗出性素质，胰变性等。

【病因】长期使用低维生素E含量饲料，饲料中矿物质和不饱和脂肪酸的含量太高会引起维生素E破坏；肝脏发生疾病等也会引起维生素E缺乏；饲料中硒的价态（以＋4价吸收率最高）和状态（有机或无机态）也影响到硒的吸收和利用；含硫氨基酸的缺乏可加重维生素E和硒缺乏症。

【临床症状】幼雏通常在出壳后2～3周就可发生本病，骨骼肌营养不良型，临床表现为全身衰弱，站立不稳，运动失调，甚至脚板向内行走或爬行，跌倒后不能自行翻身等症状。小脑软化型，临床表现为共济失调，头颈向后、向下或向一侧扭转。另外，腹部皮下常出现水肿，外观发青。种公鹅发生生殖器官退行性变化，睾丸萎缩，精子数减少或无精。母鹅则产蛋率和种蛋孵化率下降，胚胎常在早期死亡。

【防治措施】预防本病主要是应保证每千克饲料有 0.1～0.15 毫克的硒和 20 个国际单位的维生素 E。注意氨基酸的平衡，不要使用不饱和脂肪酸过高的饲料尤其是酸败的油脂。保证青绿饲料的供应。治疗本病每只病雏喂服 300 国际单位的维生素 E，同时每千克饲料中补充含硒 0.05～0.1 毫克硒制剂，也可用含晒 0.1 毫克/千克的亚硒酸钠水饮服，同时补充含硫氨基酸及维生素 C 等多种维生素。

（5）维生素 K 缺乏症。维生素 K 缺乏可导致凝血时间明显延长甚至不能凝固。3～6 周龄仔鹅较易发病，死亡率一般为 3%～5%。

【临床症状和剖检】营养情况良好的鹅大多突然死亡，个别鹅死前奔跑，死时四肢朝天。剖检可见肌肉苍白，脑肌、腿肌和两翅下有大小不等的出血点，绝大部分尸体腹腔内积满血液，将腹腔内的血液放出后，可见肝呈土黄色或深浅不等的条纹状，部分肝破裂，心冠脂肪、心肌有弥漫状出血，脆骨骨髓苍白。

【诊断】根据肌肉、翅、腿等组织出血和体腔内充满血液来诊断；也可采病鹅的血液，在室温下，若凝血时间显著延长，甚至不凝固即可诊断。

【防治措施】饲料中适当添加维生素 K，特别是生长发育旺盛、引进良种鹅更应如此。病鹅可用维生素 K_3 进行治疗，每千克饲料添加 20～30 毫克，使用 1 周后降为每千克饲料添加 10 毫克再用 1 周，效果很好。一般使用 3 天后即可停止出现以腹腔内出血为特征的死鹅，7 天后即可全部康复。

（6）微量元素缺乏症。鹅的必需微量元素有铜、铁、锰、锌、碘、硒等，这些元素对鹅生理功能的正常发挥作用巨大，必不可少，它们的不足或缺乏都可引起相应的缺乏症。

①铁缺乏症。铁是血红蛋白、肌红蛋白的组成成分。放牧条件下，鹅一般不发生铁缺乏症。但舍饲或笼养条件下，饲料品种较少或饲料中钙过多，都可引起铁缺乏症。雏鹅铁缺乏时，临床表现为食欲不振，腹泻，生长受阻，羽毛生长不良，贫血，成活率极低；产蛋鹅缺铁，产蛋率下降，种蛋孵化率低，死胚增加。可在饲料中添加硫酸亚铁、氧化铁等防治本病，治疗量按每千克饲料添加 45 毫克，预防量添加 25 毫克。

②铜缺乏症。铜是体内多种酶的活性中心，能促进血红蛋白的合成及红细胞成熟。因地区性铜分布的差异，使得某些地区生长的饲料中铜含量不能满足鹅需求；另外，玉米、粗纤维饲料中铜含量常较少，这些都可引起鹅铜缺乏症。缺铜可引起鹅贫血、骨质疏松、生长不良、消化机能紊乱、产蛋率、蛋孵化率下降等症状，一般应保证鹅每千克饲料中有 2.5～5.0 毫克的铜，方可满足需要。

③锰缺乏症。锰为某些酶活性中心，参与动物骨骼的生长繁殖及脂肪分解代谢。锰缺乏与鹅骨粗短症、滑腱症及脂肪肝综合征有关。高钙饲料可抑制锰的吸收与利用；胆碱、烟酸等不足可加重锰缺乏。锰缺乏时，鹅精神欠佳。双腿轻度弯曲，跗关节异常肿大，严重的呈不同程度的 O 形或 X 形外观，运步摇晃，站立不稳，行走蹒跚甚至无法站立，常因采食受限而饥饿死亡。剖检可见腿骨粗短（但不松软，与骨营养不良不同），跟腱常从跗关节的腱槽中滑出。种禽体重下降，蛋壳变薄，种蛋孵化率降低，畸形胚增多。玉米及动物性饲料中锰含量较少，可以用硫酸锰、氧化锰等形式补充，也可以用 0.01% 的高锰酸钾溶液饮水。

④锌缺乏症。糠麸、动物性饲料、酵母等日粮中含锌量较高，常规饲养条件下，一般不会引起锌缺乏。但当饲料单一或用高钙饲料情况下可出现锌缺乏症。临床可见食欲减退，生长受阻，羽毛生长不良、末端磨损，皮肤、腿、蹼部分呈鳞片状、骨

骼发育不良，蛋壳变薄，甚至产软壳蛋、种蛋孵化率下降，雏畸形率高。可在饲料中添加硫酸锌、碳酸锌或氧化锌等，一般每千克饲料中锌需要量应保证在 50～60 毫克。

72. 怎样预防和治疗鹅群常见的中毒性疾病？

鹅常见的中毒性疾病有黄曲霉毒素中毒、食盐中毒、磺胺类药物中毒、有机磷中毒、水中毒。

（1）黄曲霉毒素中毒。禽采食含黄曲霉毒素的饲料后产生的以出现神经症状，全身浆膜出血，肝坏死、硬化为特征的急性或亚急性中毒症称黄曲霉毒素中毒。雏鹅对黄曲霉毒素中毒很敏感，可造成大批死亡。

【病因】主要是饲喂发霉饲料给鹅引起的，这是鹅发生中毒的常见原因。另外，玉米、花生等一旦有黄曲霉菌生长，其产生的霉素可渗入内部，即便漂洗掉表面层，毒素仍存在；而发霉的饲料一旦粉碎或制成颗粒料，则更不被人们所觉察，这两方面是黄曲霉毒素引起禽中毒潜在的最大危险。

【临床症状】雏鹅多表现为急性中毒，1～3 日龄的雏鹅几乎不表现任何明显症状而迅速死亡，死亡率可达 100%；年龄稍大一点的可表现为食欲下降或废食，脱毛，鸣叫，步态不稳，跛行，腿和脚部皮下出血，呈紫红色，数日内可死亡，死前多有角弓反张症状；成年鹅一般呈亚急性或慢性经过，亚急性的可出现渐进性食欲下降，口渴，腹泻，便中带血，贫血，生长缓慢等症状。慢性的症状不明显，仅为生长缓慢，精神较差。

【剖检】病死雏鹅剖检可见胸部皮下和肌肉有出血斑点，肝脏肿大，色泽苍白或变淡，有出血斑点或坏死灶，胆囊扩张，脾苍白稍肿，胰腺有出血点。病死成年鹅腹腔常有腹水，肝脏颜色变黄，肝硬化，表面常见有米粒至黄豆大增生或坏死结节，严重的病例肝脏可发生癌变。脚爪皮肤有时可见出血点。

【防治措施】本病的预防关键是不饲喂发霉饲料，尤其是雏鹅严禁饲喂。应加强饲料的保管，防止霉变。对已霉变但不严重的饲料，可经漂洗、喷洒氨水碱化脱毒处理后方可利用，但不能用之喂敏感的雏鹅。治疗本病无特殊的方法，一般只能采取保肝、止血、促毒物排泄等支持疗法。

（2）食盐中毒。食盐中毒是指动物采食过多食盐的同时饮水不足，所引起的一种以神经症状为主，同时带有肠道炎症的一种中毒性疾病。

【病因】雏鹅对食盐敏感，当饲料中含盐量达3％或每千克体重1次食入3.5～4.5克食盐时即可引起雏鹅的中毒或死亡。引起鹅食盐中毒的原因有：食盐补饲超标或颗粒过大，拌料不均匀；饲喂含盐量较高的海洋鱼粉、酱渣、腌制食品卤汁等或在沿海、盐湖周围放牧；长期缺盐的鹅，如突然补饲食盐或饮用含盐水而不加限制，由于耐受性差，可引起中毒；饲料中维生素E和含硫氨基酸不足可促进本病发生等。

【临床症状】雏鹅中毒，表现为鸣叫、盲目运动、站立不稳、惊厥。常不断旋转头颈或头向后仰，翻身倒地，脚朝天蹬踏，很快死亡。

【剖检】口腔、食道及食道膨大部充满黏液，腺胃黏膜充血、有时有伪膜，肌胃轻度充血、出血，小肠黏膜充血、出血，皮下组织水肿，脂肪呈胶样浸润，肺水肿，心包、腹腔有积液，肾及输尿管有尿酸盐沉积，脑膜血管充血、扩张、有小点状出血。

【防治措施】发现鹅群中毒应立即停喂含盐饲料，不表现神经症状的应立即喂给大量淡水，也可在水中加5％的葡萄糖，并加入适当的氯化钙或葡萄糖酸钙，加喂大量易消化的青绿饲料。对处中毒后期、神经症状明显的病鹅要控制饮水，静脉注射葡萄糖和钙制剂，尽量减少刺激。

预防本病应严格控制食盐补饲水平。计算补饲时应充分考虑到饲料本身所含的食盐量，保证有充足的饮水供应。

（3）磺胺类药物中毒。磺胺类药物广泛应用于家禽的细菌型疾病及球虫病的防治，但由于该类药物对禽的造血和免疫系统有毒害作用，而且治疗量与中毒量较接近，极易引起家禽的中毒。

【病因】使用磺胺类药物剂量过大，用药时间过长，拌料不均匀；当肝、肾患有疾病时更易造成药物在鹅体内的蓄积而导致中毒，特别是 1 月龄以内的雏鹅因肝肾等器官功能不完备，对磺胺类药物的敏感性较高，极易中毒。

【临床症状】急性中毒主要表现为兴奋、拒食、腹泻、痉挛及麻痹等症状。慢性中毒则精神沉郁，食欲减退或废食，饮欲增加，贫血，头部常肿大、发暗、翅下出现皮疹，便秘或腹泻，粪便暗红色，产蛋减少，产软壳蛋或停产。

【剖检】剖检可见皮肤、皮下、肌肉、内脏等多部位出血，肾肿大、土黄色、有出血斑，输尿管增粗、充满尿酸盐，肝肿大、有出血斑点，腺胃黏膜、肌胃角质层下、小肠黏膜等部位都可出现出血斑点。

【防治措施】预防本病应严格控制磺胺类药物的用药剂量和用药时间。对中毒禽的治疗，没有好的办法。一般应立即停止用药，供给充足的饮水，并加入 $1\% \sim 2\%$ 的小苏打，促进体内药物排泄，并口服葡萄糖，增加维生素 C、维生素 K 等用量。

（4）有机磷中毒。有机磷农药在农业上应用相当普遍，而带来的畜禽中毒也常见。

【病因】鹅误食刚喷洒农药不久的谷物种子、青饲料、诱饵及被农药毒死的蝇、蛆、鱼、虾等；人为故意投毒等，这些情况都能引起鹅有机磷农药中毒。

【临床症状】家禽对有机磷农药极为敏感，中毒后病情发展迅速。鹅中毒表现为呼吸困难，站立不稳，流涎，流泪，频频摇头，肌肉颤抖，下痢，最后抽搐死亡。

【剖检】剖检无明显或特征性病变，可见肝脏、肾肿大、质脆，胃肠道黏膜有出血性炎症及脱落、溃疡等变化，胃肠内容物有大蒜臭味。

【防治措施】立即停止使用可疑饲料及饮水，及时抢救。采用切除毒源、促毒物排泄、对症治疗、特效药解毒等综合性治疗措施。切开食道膨大部或向上挤压食道膨大部以挤出内容物，饮用 0.1％的高锰酸钾（1605 中毒禁用）或 2.5％的小苏打（敌百虫中毒禁用）溶液；或迅速使用阿托品对症治疗，鹅每只皮下注射 0.5 毫克，雏鹅用量酌减。15 分钟后再用 1 次，以后根据需要（看瞳孔是否扩大，流涎是否停止），可每半小时服用阿托品 1 次，每次 1 片，溶于水喂服，同时使用解磷定（0.2～0.5 毫升/只，静脉注射）。

（5）水中毒。水是养鹅生产中的关键因素，如果生产中管理不当造成鹅饮水不足，导致脱水后大量饮水，则引起水中毒；脱水和水中毒在各种年龄的鹅中都有发生，但以幼雏多见且损失严重。

【病因】雏鹅脱水的主要原因有：种蛋存放时间过长；孵化后期孵化室温度较高、湿度极低；出壳不整齐，已出壳的雏鹅在出雏室停留时间过长；长途运输或周转环节复杂，人为引起雏鹅开水时间过迟；育雏舍饮水器数量不够或结构不合理（水槽过高）等。水中毒与脱水紧密相关，脱水是引起机体水中毒的重要条件。这是因为雏鹅缺水，血液、组织液、脑脊液和细胞液的渗透压都将有所增加，一旦不限制给水，则可引起暴饮。而此时，由于先前较长时间的缺水，使幼雏体内调节水盐代谢的激素分泌紊乱，水分可大量地涌向血液、脑脊液、组织和细胞内，导致机体酸碱平衡失调，如水潴留、组织水肿，细胞尤其是红细胞、脑细胞等肿胀甚至破裂，引起死亡。

【临床症状】表现为体重迅速减轻，绒毛枯燥、卷曲、无光泽；喙、腿、脚蹼皮肤干燥起皱，俗称"干脚病"；眼眶下陷，活动力下降，叫声低弱；一般 4～5 天开始出现死亡，1 周左右达到高峰。如恢复饮水，不太严重的可以恢复，较严重的则持续衰弱，抗病力差，生长缓慢，变为"僵鹅"。严重水中毒可突然死亡，病程长的则出现瘫痪、昏迷，也有的发生肌震颤、强直症状，死亡率极高。

【剖检】因脱水死亡的雏鹅，可见皮肤紧缩，肌肉干燥，色变暗，肾色深，输尿管有尿酸盐沉积，血液暗黑色。因水中毒死亡的雏鹅，血液稀薄，并发肺水肿、脑膜水肿。

【防治措施】主要应做到合理保存种蛋（相对湿度为75%～85%），缩短种蛋保存期，防止孵化室、出雏室湿度过低（相对湿度为60%～80%），保证出壳后24～26小时甚至更早一点开水，饮水设备充足、合理。对缺水较严重的雏鹅，应先喂给0.9%食盐水或糖盐水。对已经发生水中毒的雏鹅，应立即停饮淡水，必要时可注射高渗盐水或高糖水。

73. 怎样预防和治疗鹅中暑？

中暑是动物热射病和日射病总称，鹅的中暑则又称热衰竭症。鹅缺乏汗腺，其散热只能靠张口呼吸和两翅放松实现，再加上其羽毛致密，因此对高温、高湿特别敏感，易发生中暑，雏鹅更易发生。

【发病原因】热射病主要发生在炎热的夏季，鹅舍因缺乏通风降温设施，通风不良，密度过大，长途驱赶，再加上饮水不足等情况下，极易发生中暑；另外，育雏期雏舍加温过高也可能导致中暑发生。它们的结果是使得禽体内积热过多，引起新陈代谢旺盛，电解质失衡，酸中毒，中枢神经功能紊乱。日射病也主要发生在夏季，鸭、鹅长时间放牧于烈日下，尤其是幼雏，颅顶温度激增，再加上紫外线的作用，使脑及脑膜血管扩张充血，脑实质病变，导致中枢神经系统机能障碍。

【临床症状】热射病鹅常有张口呼吸，呼吸迫促，翅膀松展，体温升高，口渴，卧地不起，昏迷，惊厥等症状表现，可引起死亡。日射病鹅临床表现以神经症状为主，病禽烦躁不安、痉挛、颤抖，有的乱蹦乱跳、打滚，体温升高，最后昏迷、死亡。

【病理变化】血液凝固不良，大脑和脑膜充血、出血，全身静脉瘀血，肺充血、水肿。

【防治措施】在高温季节，应保持环境的通风良好，降低饲养密度，保证饮水充足。鹅舍温度过高时可使用电风扇扇风，向鹅体羽毛和地面洒水以降温。放牧饲养的，应避开中午并尽可能地在有树荫和充足水源的地方放牧，经常让鹅冷水浴降温。

发生中暑后，有条件的应立即将鹅群赶下深水塘或转移到有阴凉的通风处。舍饲的应加强舍内通风，地面放冰块或泼深井水降温，并向鹅体表洒水。可给鹅服十滴水（稀释5～10倍，1毫升/只）或仁丹丸（每只1颗），也可用白头翁50克、绿豆25克、甘草25克、红糖100克煮水喂服或拌料饲喂100雏（成禽加倍）。有明显神经症状的，可用2.5%氯丙嗪0.5～1.0毫升肌内注射或口服三溴合剂（每次1克）镇静。

74. 鹅应激综合征的发病情况和防治措施有哪些？

应激是动物机体对各种不良因素（应激原）刺激所产生的一种非特异性防御反应，强烈的应激则可引起机体发生病理变化或降低生产性能。所谓应激综合征就是机体在应激原刺激下，通过垂体—肾上腺皮质系统引起的各种生理或病理演变过程的综合表现。这种适应往往会超过机体某一器官所能承受的度，从而引起病理变化或降低生产性能。在养禽业集约化程度越来越高的趋势下，认识和控制应激对禽业生产的不利影响已显得越来越重要。

【发病原因】鹅应激性综合征的发生首先与各种应激原刺激有关，它们包括惊吓、恐惧、斗殴、追捕、运输、驱赶、离群、混群、拥挤、防疫接种、高温、气候骤变、饲养方式及饲料配方的突然改变（如增加蛋白水平）、缺水、停电、噪声等。其次是机体神经与内分泌协同作用，对应激原刺激产生应答性反应过于强烈。其过程是，应激原刺激感受器，通过神经将信号传送到低级中枢，低级中枢除对感受器的适应性做出反馈性调节外，可将信号传送到下丘脑，启动下丘脑—垂体—肾上腺皮质内分泌调节系统：下丘脑分泌促肾上腺皮质激素释放激素（CRH），刺激垂体分泌促肾上腺皮质激素（ACTH），ACTH 通过血液传送刺激肾上腺皮质分泌糖—类固醇激素和皮质固醇，有报道通过试验测得，应激时鹅血液中皮质固醇的量比正常水平高出 25％ 以上。皮质固醇等可通过调节细胞内酶和蛋白质、促进分解代谢、升高血压、加快心搏动、抑制炎症反应等作用使机体适应刺激。但如果刺激过强或持续存在是有害的，可使饲料摄取量减少，性机能下降，机体抗体发生减少、抗病力下降，生长速度减慢，血浆糖原减少。

【临床症状】严重病例，可发生"猝死"，即在突然剧烈的应激下，鹅因休克或循环虚脱等原因突发死亡。这在处于迅速生长的肉鹅中常见。另外，脂肪肝的鹅也极易受惊猝死。一般病例，主要表现为采食量下降，生长缓慢，抵抗力下降，持续死亡。产蛋期，可发生产蛋量下降或突然停产。

【病理变化】常见有消化道溃疡病变，并可见腔上囊、胸腺、脾脏等萎缩。因肝破裂而"猝死"的，腹腔有大量积血。

【防治措施】防治鹅应激综合征，主要应纠正各种不合理的饲养管理方式，加强营养，使用全价饲料，保证饲料中各种营养素的平衡，严防各种不良刺激的发生，保证环境安静。对易惊鹅，或在高温、运输、免疫注射等情况下，可预先在饲料中加入一定量的维生素 C（50～200 毫克/千克），也可以用氯丙嗪（500 毫克/千克）等镇静药预防。

75. 鹅传染病发生和流行必须具备的三个条件是什么？

病原微生物和寄生虫侵入鹅机体，在一定的部位定居，生长繁殖，从而引起机体一系列病理反应，这一过程就形成了疾病的传染。当病原体数量和毒力超过机体抵抗力时，机体就会表现出临床症状和病理变化。同时遭受感染的鹅会不断向周围排出大量病原体，经过一定的传播方式和途径侵入新的易感宿主，即形成了新的传染。如此连续不断地发生发展，就构成了传染病和寄生虫病的流行过程，也就是从个体感染发病，发展到群体发病。但是形成疾病的流行过程，必须具备传染源、传播途径和易感动物3个基本环节，如果切断其中任何一个环节，流行即告终止。

（1）传染源。传染源是指有某种传染病的病原体在其中寄居、生长、繁殖，并排出体外的动物机体。具体来说，传染源就是指患病或隐性感染的带菌（毒）及带虫鹅。患病鹅是传播疫病的重要传染源，包括有明显症状的典型病例或症状不明显的非典型病例。在疾病的整个传染期中，按病程经过可分为潜伏期、临床症状明显期和恢复期3个传染病期。潜伏期的病鹅，对于大多数疾病不具备排出病原体的条件，不能起传染源的作用，只有少数疫病在潜伏期内就能排出病原体传染易感鹅群。临床症状明显期的病鹅，尤其在急性暴发过程中，可排出大量毒力强的病原体，在疾病的传播上危害性最大。但是有些非典型病例，由于症状轻微或不明显，难以与健康鹅群区别而隔离开来，这就可能成为危险的传染源。恢复期的病鹅，虽然机体各种机能障碍逐渐恢复，外表症状消失，但是体内的病原体尚未肃清，还能排出病原体。此外，如果病鹅尸体处理不当，在一定的时间内也极易经过其他途径散布病原体。

（2）传播途径。病原体由传染源排出后，通过一定的传播方式侵入其他易感鹅群所经过的途径称为传染途径。传播途径可分为水平传播和垂直传播两种。所谓水平传播是指传染病在群体之间或个体之间以水平形式横向平行传播。所谓垂直传播是指从母体到后代两代之间的传播。不同的病原体进入易感动物体内都有一定的传染途径，它们通过不同的传染途径直接或间接接触传染疾病，如鹅曲霉菌病、鹅流行性感冒等疾病，主要通过呼吸道传染，鹅副伤寒、鹅球虫病、小鹅瘟等主要经消化道传染。而大多数鹅传染病是以两种方式传播疾病的，如小鹅瘟、鹅副伤寒、支原体病、淋巴白细胞病等，都具有双重的传播方式，既能够通过水平传播，又能通过带菌、带毒的种蛋垂直传播。

（3）易感动物。易感动物就鹅而言是指易感的鹅群。一旦病原体侵入鹅群，就会引起对该疫病缺乏免疫力的鹅群感染，如尚未接种鹅副黏病毒疫苗的鹅群对鹅副黏病毒就具有易感性，当病毒侵入鹅群就可使鹅副黏病毒在鹅群中传播流行。鹅的易感性还取决于年龄、品种、饲养管理条件和免疫状态等。如尚未免疫的雏鹅对小鹅瘟病毒易感；饲养管理不善，环境卫生差的幼龄鹅则容易感染大肠杆菌病、曲霉菌病和球虫病等。因此，在饲养过程中，必须加强饲养管理，搞好卫生工作，提高鹅机体的抗病能力，同时应选择抗病力强的鹅种，以降低鹅群对疫病的易感性。

76. 怎样预防和治疗鹅常见的病毒性传染病？

鹅常见的病毒性传染病有小鹅瘟、鹅副黏病毒病、鹅新型病毒性肠炎、鹅的鸭瘟病、禽流感、鹅病毒性肝炎等。下面就这几种鹅场常见病毒性传染病分别进行介绍。

（1）小鹅瘟。小鹅瘟是雏鹅和番鸭的一种急性、败血性传染病，又称小鹅病毒性肠炎，由扬州大学农学院方定一教授于1956 年首先发现。其临床主要表现为精神委顿、废食、严重下痢和出现共济失调等神经症状，典型的病变是小肠黏膜出现渗出性炎症，有时有大片坏死脱落，形成腊肠状栓子堵塞肠道。

【病原】病原为小鹅瘟病毒，是细小病毒科细小病毒属的一个成员。病毒存在于病鹅的脑、肝、脾、肠内容物以及其他组织中。病毒能在 12～14 日龄的鹅胚绒毛尿囊膜或尿囊腔内生长，经 5～7 天后可使鹅胚死亡并产生病变。死鹅胚剖检可见全身性充血、出血，呈鲜红色，在翅尖、喙、背、胸部和蹼等处出血明显，头水肿。本病毒对鸡、鸭、鹅、小鼠、豚鼠、兔子、山羊等多种动物的红细胞无凝集作用，但能凝集黄牛精子，且这种凝集能被抗小鹅瘟病毒血清所抑制。据报道，国内、外分离到的毒株抗原性基本相同，因此认为它们都为同一血清型。本病毒对外界不良环境有较强的抵抗力，加热 56℃ 经 3 小时后才死亡，在 −20℃ 以下冰箱内可存活 2 年以上。对一般消毒药品如乙醚、氯仿等有较强的抵抗力，对胰酶稳定。

【流行特点】在自然情况下，小鹅瘟病毒的易感动物只有鹅和番鸭，其他禽类和兽类均无发现易感性。在鹅，主要侵害 7～20 日龄内雏鹅，最小为 3 日龄，最大为 73 日龄，5～15 日龄雏鹅为高发日龄，发病率和死亡率均在 90％ 以上。雏鹅的发病率和死亡率随着日龄的增大而降低，10 日龄以下的雏鹅和番鸭的发病率和死亡率可高达 100％，15 日龄以上雏鹅病情比较缓和，有半数可能康复。近年，小鹅瘟在 2～4 周龄发病日渐增多。小鹅瘟在我国各地都曾有不同程度的发生和流行。在同一地区，流行有一定的周期性，一般在大流行后的 2～3 年不会再次流行，分析其原因，可能是耐过的种鹅能产生坚强的免疫力，并通过母源抗体使雏鹅形成被动免疫。另外，本病的流行有明显的季节性，通常在春夏期间，这与此阶段雏鹅大量出孵有关。小鹅瘟病毒主要通过消化道感染，通过与病鹅直接接触或接触病鹅排泄物污染的饲料、饮水、用具和场地而传染。本病的另一传播途径是经卵传播，带毒种鹅可将病毒排在卵壳表面，在蛋孵化过程中通过孵化室和孵化器造成病毒扩散和传播。病鹅、带毒鹅（包括带毒成年鹅）是小鹅瘟的传染源。在孵化室内感染的雏鹅，3～5 天内即可发病，并很快波及全群。

【临床症状】潜伏期 3～5 天。主要表现消化系统和中枢神经系统紊乱的症状，其症状严重性、发病率和死亡率随着日龄的增大而降低。根据病程的长短，分为最急性型、急性型和亚急性型 3 种类型。①最急性型：1 周龄内的雏鹅感染后，无先兆症状突然死亡，或一旦发现时已倒地乱划呈昏迷状态，不久死亡，几天内便蔓延全群，死亡率高。②急性型：2 周龄内的雏鹅常发生的一种病型。病程 1～2 天。发病初期精神正常，但食欲丧失，虽随群作采食状，但所得的草食并不吞下，而是将所得之草食随即甩去；之后精神委顿，缩头蹲伏，离群独处，步行艰难，食欲废绝，食管部松软，严重腹泻，排出黄白色含气泡或纤维碎片的液态粪便，喙端和蹼色泽变暗，鼻孔中流出浆性分泌物，在鼻孔周围常沾有污染物质，并不时地摇头，口角甩出黏液，临死前出现神经症状，颈部扭曲，全身抽搐或瘫痪。③亚急性型：发生于 2 周龄以上的雏鹅，以萎靡、呆立、厌食、腹泻和消瘦为主要症状，病程 3～7 天，也有少数能自愈，但生长不良。

【剖检】病禽泄殖腔扩张，附近羽毛被稀粪污染。口腔和鼻腔中有棕褐色液体流出。特征性病变在消化道，特别是其中的小肠部分，死于最急性型的雏鹅，十二指肠黏膜有急性卡他炎症，充血，呈弥漫红色，附多量黏液。死于急性型的雏鹅，肠道常有特征性病变，在小肠的中段和下段特别是在靠近卵黄柄和回盲部的肠段，外观上极度膨大，质地紧实，像香肠一样，其中充塞着一种淡灰白色或淡黄色凝固的栓子状物。栓子状物干燥，切面中心是深褐色的干燥肠内容物，外面包裹着厚层的灰白色伪膜，是由坏死肠黏膜组织和纤维素性渗出物凝固所形成的，这是小鹅瘟特征性的病变。有些病例在未形成典型的栓子前，已形成长条状、薄膜状、管状的伪膜，里面是污绿色的食糜。另外，肝、胆囊、肾、脾有不同程度肿大、充血等，心脏变圆，心壁松弛，心肌无光泽呈苍白色；法氏囊体积缩小，黏膜面有多量黏液性渗出物；脑组织检查可见脑膜血管充血，脑实质有非化脓性炎症，表现血管四周细胞浸润，神经细胞变性等。亚急性型的雏鹅，剖检病变与急性型大体相同，只是没有那么严重。

【诊断】小鹅瘟可根据以下几点进行诊断：

①流行特点　只有1月龄以内的雏鹅感染发病，成年鹅与其他家禽均不易感染。

②临床症状　严重下痢，排出黄白或黄绿色水样稀便，时有神经症状。

③剖检　小肠显著增大，内有袋子状或圆柱状的灰白色伪膜凝固栓子为本病特征。不过，这种典型变化不是每一只病鹅都能看到的，因此，可多剖检几只做出初步诊断。

④实验室分析　采取病鹅肝组织磨碎做混悬液，加抗生素无菌处理后，接种14日龄鹅胚绒尿液，经5~6日龄后鹅胚死亡，吸取绒尿液证明无菌后，再接种有易感性雏鹅，同时用已注射抗小鹅瘟血清雏鹅数只，接种同样量绒尿液对照，如果易感雏鹅死亡，对照鹅不发病，就可以确诊。

该病与小鹅的其他传染病的鉴别诊断见表2至表7。

表2　小鹅瘟与小鹅渗出性败血症的临床鉴别

病名	小鹅瘟	小鹅渗出性败血症
病原	小鹅瘟病毒	鹅败血嗜血杆菌
流行病学	地方性流行或流行性；1周龄内鹅发病率和死亡率95%~100%，15~30日龄鹅部分发病死亡；无明显季节性，有一定的周期性	散发或地方性流行；15~30日龄鹅发病率几乎100%，但死亡率差异很大；常发生于春秋季节，无一定的周期性
临床诊断	消化道症状显著，嗉囊松软，有大量液体、气体、严重下痢，混有气泡和纤维素片，少量黏液性鼻液	呼吸道症状显著，呼吸困难，鼻大量流出分泌物。甩头，鼻齁
病理变化	小肠黏膜发炎、坏死，内有大量炎性渗出物凝固，形成管状伪膜和栓子，典型的外观呈香肠状	肺瘀血，气囊和浆膜发生纤维素性炎症，肠充血出血

表3 小鹅瘟与鹅的鸭瘟病的临床鉴别

病名	小鹅瘟	鹅的鸭瘟病
病原	小鹅瘟病毒	鸭瘟病毒
流行病学	地方性流行或流行性；1周龄内鹅发病率和死亡率95%～100%，15～30日龄鹅部分发病死亡；无明显季节性，有一定的周期性	以春夏之交和秋季流行较严重，呈地方性流行，也有少数呈散发性流行。15～50日龄的鹅易感染性最高，死亡率可达90%以上
临床诊断	消化道症状显著，嗉囊松软，有大量液体、气体、严重下痢，混有气泡和纤维素片，少量黏液性鼻液	头颈部肿大，眼结膜发炎
病理变化	小肠黏膜发炎、坏死，内有大量炎性渗出物凝固，形成管状伪膜和栓子，典型的外观呈香肠状	明显的病变主要在肝脏和消化道。消化道黏膜坏死出血为典型病变，但无凝固栓子等症状

表4 小鹅瘟与鹅霍乱的临床鉴别

病名	小鹅瘟	鹅霍乱
病原	小鹅瘟病毒	多杀性巴氏杆菌
流行病学	均发生于雏鹅；有一定周期性	一般散发；可发生于各龄鹅、鸡、鸭；无周期性
临床诊断	神经症状明显，两腿麻痹或痉挛；泻痢，稀便中混有气泡纤维片	神经症状不明显，仅少数慢性脚趾麻痹；泻痢，稀便中混有血液；呼吸困难明显
病理变化	无皮下、腹脂、腹膜和胸腹腔病变，肺无病变，肝无坏死点；小肠出血、坏死，渗出物凝固，形成管状伪膜、栓子	皮下、腹脂、腹膜出血，胸腹腔纤维素性渗出，肺出血、肝变；肝有灰白色坏死点；肠有卡他、出血，但无凝固伪膜、栓子

表5　小鹅瘟与雏鹅副伤寒的临床鉴别

病名	小鹅瘟	雏鹅副伤寒
病原	小鹅瘟病毒	沙门氏菌
流行病学	流行范围大；多发生于3～20周龄鹅；死亡率95%～100%	流行范围小；多发生于1～4周龄鹅；死亡率30%
临床诊断	有神经症状；一般病程较短	无神经症状；一般病程较长；水样腹泻
病理变化	小肠出血坏死，形成管状伪膜、栓子。肝脾充血一般无坏死	小肠出血坏死，不形成伪膜栓子，肝脾有小点出血和坏死

表6　小鹅瘟与小鹅球虫病的临床鉴别

病名	小鹅瘟	小鹅球虫病
病原	小鹅瘟病毒	艾美尔球虫
流行病学	20日龄内鹅大批发病死亡；有一定周期性，1.5～2年流行1次	肾球虫3～12日龄、肠球虫9月龄的鹅大批发病死亡；无明显周期性，常年如此
临床诊断	黄白色便，混有气泡或纤维素碎片；嗉囊松软有大量液体和气体	红褐色液体稀便，缺乏气泡或碎片；嗉囊无特殊症状
病理变化	小肠黏膜出血坏死，大量炎性渗出物凝固，形成管状伪膜或栓子	小肠黏膜粗糙，弥漫性出血点，肠内容物血样，形成白色结节或纤维素坏死伪膜

表7　小鹅瘟与雏鹅新型病毒性肠炎的临床鉴别

病名	小鹅瘟	雏鹅新型病毒性肠炎
病原	小鹅瘟病毒（细小病毒）	雏鹅新型病毒性肠炎病毒（腺病毒）
流行病学	20日龄内鹅大批发病死亡；有一定周期性，1.5～2年流行1次	3～30日龄雏鹅均可发病，死亡高峰期在10～18日龄
临床诊断	黄白色便，混有气泡或纤维素碎片；嗉囊松软有大量液体和气体	与小鹅瘟极其相似

（续）

病名	小鹅瘟	雏鹅新型病毒性肠炎
病理变化	早期病变不明显，后期脑膜和脑实质血管扩张、充血，实质血管周隙扩张，有少量淋巴细胞和单核细胞形成的轻度管套现象。大脑基质有水肿表现。神经细胞变性，有的胞浆内可见小空泡，核结构模糊，或发生核固缩。神经胶质细胞弥漫性增生，有的区域形成胶质结节。胰腺腺泡结构紊乱，腺细胞坏死、脱落、溶解，形成坏死溶解灶。间质内有炎症细胞浸润	光镜下脑组织结构正常

【防治措施】各种抗生素和磺胺类药物对此病治疗均无效，因此控制本病的发生和流行，必须采取预防为主的综合防治措施。

①应严格检疫工作，防止病原传入。严禁从疫区购买种蛋、种鹅、雏鹅，最好是自繁自养。确需引进，应从非疫区购买，并进行严格检疫，经隔离饲养 20～30 天证明无病后，方可混群；严禁去疫区放牧。

②做好孵化室和种蛋的消毒工作。本病主要通过孵化室传播，必须严格把好这个关口。孵化用的种蛋应来自经小鹅瘟免疫的鹅。孵化用的一切设备、用具，在每次使用前后都必须进行彻底消毒，消毒可采用福尔马林熏蒸法，收孵的种蛋消毒也可采用福尔马林熏蒸法消毒；一旦发现孵化场出去的苗鹅在 3～5 日龄发病，即表示孵化场已受污染，应立即停止孵化，待对房室、场地和所有用具进行彻底消毒后，再进行孵化。

③在疫区，应因地制宜建立并执行合理的小鹅瘟免疫程序。免疫预防可采取主动免疫和被动免疫两种方法。主动免疫适应缺

乏母源抗体保护的雏鹅，可在雏鹅出壳 48 小时内接种鹅胚化或鸭胚化的小鹅瘟雏鹅弱毒疫苗。被动免疫分雏鹅被动免疫和种鹅免疫。雏鹅被动免疫适用于母源抗体不明的雏鹅群，可在雏鹅 3 日龄内每只注射 0.5 毫升高免血清或卵黄抗体；种鹅免疫，为开产前 15～30 天每只母鹅注射小鹅瘟鸭胚弱毒疫苗 0.1 毫升，所产种蛋可含母源抗体，可使雏鹅获得保护。

④已经发病的地区和鹅场，应采取严格的封锁和隔离措施，并对发病鹅群积极地采取治疗。对无治愈希望的病雏，应集中淘汰，尸体应焚烧或深埋，不准到处乱丢；对发病的和暂无临床表现但与病雏接触过的假定健康雏，应及早逐只注射小鹅瘟高免血清或卵黄抗体（无症状的 1 毫升，已出现初期症状的 2～3 毫升，隔日以同等剂量再注射 1 次），并且可以同时使用抗微生物药物以防止继发其他疾病。对全群实施病健分群，隔离观察饲养。彻底清除鹅舍内的粪便和污物，料槽、饮水器用 0.1％高锰酸钾浸泡、洗刷、日晒，网具清洗日晒后放入舍内熏蒸消毒。

⑤治疗

A. 在饲料中加入葡萄糖、维生素 B_1、维生素 C 可增强雏鹅的抵抗力。

B. 可以使用抗小鹅瘟血清，潜伏期的雏鹅 0.5 毫升，已出现初级症状者 2～3 毫升，皮下注射。

C. 中草药治疗，根据治疗实践，治愈率达 70％。

方一：每 10 只小鹅，每天用生半边莲 50～100 克，以冷开水捣烂取其汁，与肉豆蔻 15～25 克，大风藤（入地麝香、过山香）20～30 克，砂仁 3～5 克，如下痢不止或遇寒冷雨天可再加玉桂 3 克、鸡矢藤 5～10 克加清水共煎。取上述 2 种药液把大米粉煮成米浆（或浸米）饲喂病鹅（7 日龄内的小病鹅应少喂或不喂青菜）。

方二：每 10 只小鹅每天用通成虎 5～10 克，肉豆蔻 20～25 克，遇寒冷阴雨天加桂枝 5～10 克，服法同方一。病鹅经服药

2～6 天可见明显效果。

方三：黄芩 6 克，细辛 4 克，柴胡 6 克，薄荷 8 克，樟脑 3 克，甘草 4 克，牙皂 3 克，栀子 6 克，辛夷 4 克，明雄 6 克，大黄 6 克，苍术 6 克，以上各药混合煎水，供 100 只 7 日龄小鹅 1 天分上、下午 2 次用滴管灌服。每只雏鹅每次滴 3～5 滴，连用 3～5 天，一般用 3～5 剂即可治愈。

方四：板蓝根、大青叶、黄连、黄柏、知母、穿心莲各 50 克，鲜白茅根、鲜马齿苋各 500 克，水煎去渣，供 500 羽雏鹅拌料或饮用，每天 1 剂，2 天即愈，治愈率 99.03%，且具有"廉、简、易、效"的优点，无应激，劳动强度小。

要根治小鹅瘟，除了在母鹅产蛋前注射小鹅瘟疫苗外，种蛋最好用福尔马林熏蒸消毒，孵化室、用具等应经常用 2% 烧碱溶液、20% 生石灰溶液或 30% 热草木灰水消毒。

（2）鹅副黏病毒病。鹅副黏病毒病又名鹅类新城疫，是由副黏病毒感染而引起的鹅的一种急性传染病。本病临床上以腹泻、呼吸困难、神经症状为主要特征，病理变化主要表现在消化道，可呈现消化道黏膜出血、坏死、溃疡和结痂等病变。在鹅群中呈暴发流行，各种日龄的鹅均可感染，但雏鹅易感，2 周龄以内的雏鹅发病率和死亡率可高达 100%，成为继小鹅瘟之后危害养鹅业的又一主要病毒性疾病。

【病原】本病的病原体为禽 I 型副黏病毒，属副黏病毒科副黏病毒属。该病毒可在 9 日龄鸡胚或 10 日龄鸭胚中繁殖，并能在 2～3 天内引起鸡、鸭胚死亡。接种死亡胚的尿囊液能凝集鸡红细胞，并且此种血凝特性能被康复鹅的血清所抑制，具有特异性。鹅副黏病毒株与鸡新城疫弱毒（I、IV）组有部分免疫原性交叉。该病毒抵抗力中等，干燥、日光及腐败容易使病毒死亡，60℃ 30 分钟、100℃ 1 分钟均可灭活病毒，常规消毒药短时间内可将病毒杀死，如 2% 的氢氧化钠、3% 石炭酸溶液等，3 分钟就能将病毒杀灭。

【流行特点】本病的流行没有明显的季节性，一年四季均可发生，不同品种的鹅都可感染发病，如太湖鹅、隆昌鹅、朗德鹅、狮头鹅、杂交鹅以及地方鹅等均感染发病。鹅发病后 2～3 天，同群的鸡也感染发病，其症状和病变与鹅基本一致，但鸭不感染发病。各种年龄的鹅都易感染，主要发生于 15～60 日龄的雏鹅。鹅龄越小，发病率和死亡率越高，病程短，康复少。对 10 日龄以内的雏鹅具有高度的致死性，感染后其发病率和死亡率可高达 100％；11～15 日龄以内雏鹅的发病率和死亡率可高达 90％以上。随着鹅群日龄的增长，发病率和死亡率也下降，部分病鹅可逐渐康复。产蛋种鹅除发病死亡外，产蛋率明显下降。本病主要通过消化道和呼吸道水平传播，病鹅的唾液、鼻液及被粪便污染的饲料、饮水、垫料、用具和孵化器等均是重要的传染源。病鹅在咳嗽、打喷嚏时的飞沫中含有大量病毒，散布于空气中，易感鹅吸入后可感染，并从一个鹅群传到另一个鹅群。病鹅的尸体、内脏和下脚料及处理不当的羽毛也是重要的传染源。鹅副黏病毒还能通过鹅蛋垂直传播。此外，许多野生飞禽和哺乳动物也都携带该病毒。

【临床症状】自然感染病例，潜伏期一般 3～5 天，日龄小的雏鹅 2～3 天，日龄大的鹅 3～5 天。病程一般 2～5 天，日龄小的雏鹅 1～2 天，日龄大的鹅 2～4 天。患鹅发病初期排灰白色稀粪，病情加重后粪便呈水样稀粪，带有暗红、黄色、绿色或墨绿色。患鹅精神委顿，流泪，有鼻液，食欲减少，饮欲增加，无力，常蹲地，有的单脚不时提起，体重迅速减轻，继之眼结膜充血潮红；后期可出现头颈颤抖、扭颈、转圈、仰头等神经症状病例；10 日龄左右患病鹅有甩头、咳嗽等呼吸道症状。病鹅最后因衰竭死亡。部分病鹅可逐渐康复，一般发病率为 16％～100％，平均 23％，死亡率为 7％～91％不等。

【剖检】特征病变主要在消化道。食道内可见大量黄色液体，部分患鹅食道出血、坏死，食道黏膜特别是下端有散在芝麻粒大小的灰白色或淡黄色易剥离的结痂，剥离后可见斑点或溃疡；部分病鹅腺胃黏膜水肿增厚，有粟粒样白色坏死灶，或黏膜表面出血、溃疡，形成白色结痂；肌胃黏膜下出血溃疡，特别是前半部的黏膜水肿，易剥离。肠道黏膜上有淡黄色或灰白色芝麻粒至小蚕豆粒大纤维素性坏死性结痂，剥离后呈枣核形、椭圆形出血性溃疡面；部分病例小肠黏膜有弥漫性针尖样出血点或出血条斑；盲肠扁桃体肿大，明显出血，盲肠和直肠黏膜上也有同样的出血、坏死病变；肾脏略肿、色淡，输尿管扩张、充满白色尿酸盐结晶。其他器官的变化为皮肤瘀血；肝肿大、瘀血、质地较硬，有数量不等、大小不一的坏死灶；脾脏肿大、瘀血，有芝麻大的坏死灶；胰腺肿大，有灰白色坏死灶；心肌变性；脑充血、瘀血。

【诊断】鹅副黏病毒病的诊断可以根据流行病学、临床症状和病理变化 3 个方面综合诊断。由于本病的初期症状和病变很似小鹅瘟，为了确诊，特别是初发病的养鹅场和地区，应作实验室检验进行鉴定：

①病原学诊断。病料经负染后在电镜下观察，可见到典型的副黏病毒特征。病毒颗粒大小平均直径为 120 纳米，大小不一，形态不正，表面有密集的纤突结构，病毒内部由囊膜包裹着的螺旋对称的核衣壳，有的病毒颗粒破裂，核衣壳溢出游离，往往集堆。病毒能够引起 10 日龄 SPF 鸡胚死亡，鸡胚尿囊液具有较高血凝效价（达 2^{10} 左右），并能被康复鹅血清特异抑制。传代毒株接种鹅胚，可在 48 小时致死鹅胚，尿囊液血凝效价达 2^{10}，病毒不能致死鸭胚。传代毒株鸡胚尿囊液感染易感鹅可致发病和死亡，具有与自然病例相同的症状和病理变化，并能从病料中收集到病毒；人工感染鸡可引起发病和死亡，亦能从病料中收集到病毒；人工感染雏鸭不能引起临床症状和肉眼可见的病变。血凝抗原与鸡新城疫有相同部分，而免疫原性抗原无交叉保护作用。

②病毒分离。取病鹅肝组织研碎，用生理盐水 1：10 稀释，

离心，取上清液，加双抗各 2000 单位/毫升，接种于 10 日龄非新城疫免疫鸡胚或 SPF 鸡胚尿囊腔，一般接种后 48～96 小时鸡胚全部死亡，收获死亡鸡胚尿囊液病毒，备用。死亡鸡胚病变一致，为皮肤充血，后脑严重出血，肝脏有坏死灶。

③动物接种试验。用尿囊液病毒接种 10 日龄以上未经副黏病毒免疫的鹅，均可出现典型的鹅副黏病毒病剖检特征。

④病毒血清学特性鉴定。鸡胚尿囊液对鸡红细胞可呈现较高的血细胞凝集滴度，并且其血凝性可被鹅副黏病毒抗血清所抑制，因此可依据这一特性的血凝试验（HA）和血凝抑制试验（HI）来帮助诊断。

【防治措施】除可采取控制病毒性疾病的一般性措施外，据国内的研究报道，可以用从病鹅体内分离到的鹅副黏病毒制成的油乳剂灭活苗和鹅副黏病毒抗血清对本病进行防治。

①免疫接种。采用鹅副黏病毒灭活苗免疫雏鹅，1～5 日龄首免皮下注射 0.3 毫升/只，20～25 日龄二免皮下注射 0.5 毫升/只，50～55 日龄加强免疫皮下注射 0.5 毫升/只，即可有效控制本病的发生。此疫苗也可用于成年鹅的免疫。种鹅留种时（7～15 日龄）应进行一次免疫，每雏皮下注射 0.5 毫升，产蛋前 2 周再进行一次灭活苗免疫，在第二次免疫后 3 个月左右进行第三次免疫，使鹅群在产蛋期均具有免疫力。经免疫的种鹅产下母源抗体正常的雏鹅群在 15 天左右进行一次灭活苗初免，2 个月后再进行一次免疫；无母源抗体的雏鹅（种鹅未经免疫），可根据本病的流行情况，在 2～7 日龄或 10～15 日龄进行一次免疫，在第 1 次免疫后 2 个月左右再免疫一次。

②严格消毒。鹅场无疫病时要定期消毒，发生疫病要随时消毒。门口设置消毒池。育雏室在育雏前用福尔马林熏蒸消毒，密闭熏蒸 24 小时。对孵化房除平时严格消毒外，在开孵前对用具、房舍等用福尔马林熏蒸，种蛋熏蒸为 20～30 分钟。孵化室、种蛋和育雏室消毒对防止早期感染十分重要。另外，严禁在孵化室

育雏。兽医卫生监督部门要切实加强孵化室消毒卫生工作的监督管理。

③隔离饲养。规模饲养一旦染病，传播迅速、损失极大，必须采取严格的隔离饲养措施。首先对健康鹅免疫注射鹅副黏病毒的高免血清，然后再免疫假定健康鹅，同时适当使用抗生素以防止继发感染。鹅场、鹅舍要选择远离交通要道、畜禽交易场所、屠宰场等易污染的地方，同时不要鸡、鹅一起饲养；场内生活办公区和饲养区要进行严格隔离。农村病死鸡、鹅等要深埋或焚烧，不可随意抛弃。实行全进全出制，避免不同日龄鹅混养，防止不同批次间疫病传播。

④治疗方法

A. 对发病鹅群，可用鹅副黏病毒抗血清治疗，1～7日龄雏鹅1～1.5毫升/只，皮下注射。10日龄以上雏鹅按每千克体重2.0毫升，皮下注射，一般1次见效。重病者隔3天再注射1次。

B. 辅助治疗。在应用疫苗或抗体免疫时可适量加入广谱抗生素、抗病毒药物和复合维生素，以提高抵抗力，防止继发感染。

C. 中草药治疗。金银花60克，板蓝根60克，地丁60克，穿心莲45克，党参30克，黄芪30克，淫羊藿30克，乌梅45克，诃子45克，升麻30克，栀子45克，鱼腥草45克，葶苈子30克，雄黄15克，各药混合，用1500毫升水煎2次，早晚各混水供500只鹅饮1次。病重鹅，灌服4～5毫升，连用4天。用本方治疗鹅副黏病毒病，用药2天后病情得到控制，基本不再发生死亡，再连续用药2天后，病鹅精神状态和饮食情况得到好转。

（3）鹅新型病毒性肠炎。雏鹅新型病毒性肠炎（NGVE），是由雏鹅新型病毒性肠炎病毒（NGVEV）引起的3～30日龄雏鹅的一种卡他性、出血性、纤维素性渗出性和坏死性肠炎。其病理学特征为小肠黏膜的出血和形成凝固性栓塞物阻塞肠腔。程安春（1997）首次报道了四川省很多地区的雏鹅群自1993年发生了一种临床症状和病理变化与小鹅瘟非常相似的疾病，应用鸭胚成纤维细胞及蚀斑克隆技术成功地分离到该病的病毒。通过对该病的病毒分离、鉴定、病原学特征的研究和成功地人工复制该病、弱毒疫苗和高免血清的研制成功及其有效的利用，证明了雏鹅新型病毒性肠炎是由雏鹅的一种新的腺病毒引起的、不同于小鹅瘟的新传染病。NGVEV感染成年鹅不出现临床症状。

【病原】雏鹅新型病毒性肠炎病毒系腺病毒属中的肠炎病毒，目前从各地分离的血清型只有一个，且中和性抗原是一致的。病毒（NGVEV）呈球形或椭圆形，无囊膜，直径70～90纳米。不凝集鸡、鸭、鹅、鸽、黄牛、水牛及猪的红细胞。对氯仿处理1～3次不敏感。病毒于-15℃和0℃至少可以分别保存36个月和20个月；于37℃45天、45℃48小时、56℃5小时、60℃1小时不影响病毒对细胞的致病变能力和对雏鹅的致病性；于80℃5分钟和煮沸（96℃）10秒钟可以使病毒失活。pH1.0和pH10.0处理1小时可使病毒失活，pH2.0和pH9.0可使病毒滴度有所下降，pH3.0～8.0对病毒的感染性没有影响。NGVEV与鸭瘟病毒和小鹅瘟病毒没有中和抗原相关性。分离的病毒通过滴鼻、点眼、皮下注射、肌内注射、口服等途径人工感染均可复制出与临床表现一致的病例，其中口服是最佳感染途径。

【流行特点】自1993年以来，四川省很多地区的30日龄以内的雏鹅群发生一种在流行病学、临床症状和病理变化与小鹅瘟极其相似的传染病，特别是急性病例后期死亡雏鹅在小肠段的"香肠样"病变及其组织学变化与小鹅瘟几乎一致。该病主要发生于3～30日龄雏鹅，疾病发展有一定的规律性，一般3日龄雏鹅开始发病，5日龄开始死亡，10～18日龄死亡达到高峰期，30日龄以后的雏鹅基本不发生死亡，死亡率25%～75%甚至100%。10日龄以后发病死亡的雏鹅有60%～80%的病例在盲肠至十二指肠这一小肠段出现了典型的类似于小鹅瘟的"香肠样"病理变化，所以，一般人们认为该病就是小鹅瘟，但这些种鹅在产蛋前15～30天都进行过2～3次小鹅瘟弱毒疫苗的免疫，母鹅血清抗小鹅瘟病毒（GPV）的琼扩效价均在1：32以上，部分用户还在雏鹅孵出当天皮下注射1～1.5毫升的抗GPV高免血清（每毫升能够中和15000个鹅胚半数致死量的GPV），但发病率和死亡率与没有注射高免血清的小鹅没有差异。该病既可垂直传播，也可水平传播，成年鹅感染后无临床症状，无论是自然发病还是人工感染，其死亡高峰期集中在10～18日龄（表8）。

表8　人工接种 NGVE-CN 株的 1 日龄雏鹅死亡时间情况

死亡时间（天）	3	4	5	7	8	9	10	11	12	13	14	18	21	25	28	30
死亡数目（只）	1	1	2	1	2	2	4	5	5	6	4	3	1	1	1	1

【临床症状】该病自然感染潜伏期3～5天；人工接种潜伏期大多为2～3天（85%），少数4～5天。人工感染早期表现为鹅群不活跃，食欲不佳，精神萎靡不振，叫声不洪亮，羽毛松乱，两翅下垂，嗜睡，排稀粪。后期呼吸困难，食欲基本废绝，排水样稀粪，夹杂有黄色或黄白色黏液样物质，部分雏鹅排出的粪便呈暗红棕色。肛门周围的羽毛打湿，沾满粪便。病鹅行走摇晃或站立不稳，间隙性倒地抽搐，两脚朝天乱划，最后消瘦，极度衰竭，昏睡而死。死亡鹅多有角弓反张状。病鹅生长迟缓，体重比正常对照组要轻50%左右。雏鹅接种后第4天开始出现死亡，第10～18天为死亡高峰期，至25天全部死亡。自然病例通常可以分为最急性、急性和慢性3种。最急性：病例多发生在3～7日龄雏鹅，常常没有前期症状，一旦出现症状即极度衰弱，昏睡而死或临死前倒地乱划，迅速死亡，病程几小时至1天。急性：病例多发生在8～15日龄，表现为精神沉郁，食欲减退，随群采食时往往将所啄之草丢弃；随着病程的发展，病鹅掉群，行动迟

缓，嗜睡不采食，但饮水似不减少；病鹅出现腹泻，排出淡黄绿色、灰白色或蛋清一样的稀粪，常混有气泡，恶臭；病鹅呼吸困难，鼻孔流出少量浆液性分泌物，喙端及边缘色泽变暗，临死前两腿麻痹不能站立，以喙触地，昏睡像死，或临死前出现抽搐而死，病程3～5天。慢性：病例多发生于15日龄以后的雏鹅，临床症状主要表现为精神萎靡，消瘦，间隙性的腹泻，最后因消瘦、营养不良和衰竭而死，部分病例能够幸存，但生长发育不良。

【剖检】本病的主要病变在肠道，并且具有特征性。日龄小、死亡较快的，主要病变为各小肠段严重出血，黏膜肿胀，肠道内有大量黏液。病程稍长的、死亡的雏鹅各小肠段严重出血，黏膜表面可见少量黄白色凝固的纤维素性渗出物，并有少量片状坏死物。后期死亡或病程更长的，死亡鹅小肠后段开始出现包裹有淡黄色伪膜的凝固性栓子，初期栓子直径较小约0.2厘米，长度可达10厘米以上，病程延长，栓子也日益伸长，可达30厘米以上，直径可达0.5～0.7厘米，致使小肠外观膨大，比正常大1～2倍，肠壁变薄。没有栓子的小肠段，严重出血，黏膜面呈红色。栓子主要出现在小肠中后段至盲肠开口处，多数为一段，少数为两段，栓子分两类：一类粗大，直径在0.5厘米以上，充满肠腔，质地致密，长度约20厘米，横切或纵切面，可见有两层结构，外层为坏死组织和纤维素性渗出物混杂凝固形成的伪膜，外观呈干燥的暗灰白色，中央为干燥密实的肠内容物；另一类栓子是由坏死的肠组织和纤维素性渗出物凝固而形成，直径较小约0.4厘米以下，呈细圆条状，长度较长约达30厘米以上。两类栓子与肠壁均不粘连，均容易与肠壁分开。

除小肠的病变外，早期死亡的雏鹅盲肠与直肠出现肿胀、充血，管腔内有较多的黏液，泄殖腔充满稀薄的黄白色内容物。雏鹅呈现皮下充血、出血；胸肌和腿肌呈暗红色；肝脏瘀血呈暗红色有出血点或出血斑；胆囊胀大，较正常大3～5倍，胆汁呈深墨绿色；肾脏充血，外观呈暗红色；心肌松弛、局部充血和脂肪变性。其他组织器官无明显异常。后期死亡的鹅或病程长者，除肝脏瘀血呈暗红色和肾脏轻度充血、出血之外，其他器官无明显异常。急性死亡鹅的尸体脱水明显。

【诊断】本病极易和小鹅瘟混淆，因此需注意从流行病学、临床症状和剖检变化仔细区分。确诊本病必须通过实验室诊断。实验室诊断主要是对病料进行病毒分离和培养，并通过中和试验、琼脂扩散试验等血清学检验方法进行诊断。

①病毒的分离和鉴定。利用原代鸭胚成纤维细胞及细胞蚀斑克隆技术，可以从肠道、肝脏等实质器官分离到病毒，然后在鸭胚原代成纤维细胞上做中和试验及在易感雏鹅做血清保护试验可对病毒进行鉴定。

②血清学诊断。A. 血清学中和试验：用 NGVEV 免疫兔子制备高免血清，血清琼扩效价 1:32 时可用于做血清中和试验。于鸭胚原代成纤维细胞上能够中和 $1000LD_{50}$ 的 NGVEV 即可确诊。中和试验也可用易感雏鹅进行。B. 雏鹅血清保护试验：1～3 日龄易感雏鹅 20 只，随机分成 2 组，10 只/组，1 组和 2 组每只口服 1 万倍 LD_{50} 的 NGVEV，经 12 小时，1 组每只皮下注射高免血清 1 毫升作试验组，2 组每只皮下注射 0.5 毫升生理盐水作为对照。试验组全部存活而对照组全部死亡即可确诊。C. 斑点免疫金染色检测雏鹅新型病毒性肠炎抗体：应用提纯的 NGVEV 抗原制备抗原诊断膜，建立起了 IgG 的金颗粒标记、抗原抗体反应同步的试验方法，只需 30～40 分钟即可判断结果。用于检测 NGVEV 抗体是特异的，与本动物抗 GPV、DPV、NDV、IBV、ILTV、MDV、IBDV、EDSV、多杀性巴氏杆菌阳性血清不发生交叉反应。同时，具有很高的灵敏度，对兔抗 NGVEV 的 IgG 的最低检出量为 1.0×10^{-10} 克/毫升。雏鹅感染强毒后第 3 天、成年鹅免疫弱毒疫苗后第 3 天即可检测到相应抗体的存在。该法具有操作简便、试剂用量少、灵敏性高、特异性

强、快速、结果客观、易于判断等优点，适用于雏鹅感染的早期诊断、成年鹅感染的血清流行病学调查和疫苗免疫的效果评价等。D. 琼脂扩散试验检测雏鹅新型病毒性肠炎病毒：以 1/15 摩尔/升 pH 7.2 PBS 配制的含 0.85％琼脂糖凝胶检测效果最好，对 NGVEV 提纯抗原和兔抗 NGVEV 的 IgG 的最低检出量分别为 0.15 毫克/毫升和 0.05 毫克/毫升。一次加样和二次加样对 NGVEV 感染死亡雏鹅的肠、肝脏、心、脾、肾、胰腺的阳性检出率分别为 100％、80％、40％、50％、20％、60％和 100％、100％、56％、64％、30％、76％，气管、肺和脑均为阴性，健康雏鹅各组织器官检测结果均为阴性。重复加样可提高对 NGVEV 抗原的检出率10％～20％。琼扩反应 4 小时即可判断结果。NGVEV 强毒感染雏鹅、成年鹅以及弱毒免疫成年鹅后，用本试验建立的方法检测不到琼扩抗体的存在。琼扩试验检测 NGVEV 抗原是一种简便、快速、特异性强、灵敏度高、易于判断、实用性强的诊断方法。

【防治措施】目前对雏鹅新型病毒性肠炎尚无有效的治疗用化学药物。平时应注意不从疫区引进种鹅，有该病存在的地区主要是使用疫苗进行免疫以及使用高免血清进行防治。

①疫苗免疫。A. 种鹅免疫：在种鹅开产前使用雏鹅新型病毒性肠炎-小鹅瘟二联弱毒疫苗（如用四川农业大学禽病防治研究中心研制产品）进行 2 次免疫，在 5～6 个月内能够使后代雏鹅获得母源抗体的保护，不发生雏鹅新型病毒性肠炎和小鹅瘟，这是预防雏鹅新型病毒性肠炎最为有效的方法。B. 雏鹅免疫：对刚出孵的 1 日龄雏鹅，使用雏鹅新型病毒性肠炎弱毒疫苗（如用四川农业大学禽病防治研究中心研制产品）进行口服免疫，3 天即可产生部分免疫力，5 天即可产生 100％免疫保护。

②高免血清防治。对刚出孵的 1 日龄雏鹅，使用雏鹅新型病毒性肠炎高免血清或雏鹅新型病毒性肠炎-小鹅瘟二联高免血清皮下注射 0.5 毫升，即可有效防治该病的发生。对发病的雏鹅

群，使用雏鹅新型病毒性肠炎高免血清或雏鹅新型病毒性肠炎-小鹅瘟二联高免血清皮下注射 1～1.5 毫升，治愈率可达 60%～100%。

③辅助疗法。发生雏鹅新型病毒性肠炎时，在肠道往往发生其他细菌感染，故在使用血清进行防治时可适当配合使用其他抗生素、电解质、维生素 C、维生素 K_3 等药物，以辅助治疗，能够获得良好的效果。例如，应用青霉素 V 钾粉饮水，青霉素 V 钾粉 1 克加水 2 000 毫升，自由饮水，连用 5 天；应用恩诺沙星饮水，恩诺沙星 2.5～7.5 克加水 100 升，自由饮水，连用 5 天；或口服补液盐，按饮水量适当添加口服补液盐，自由饮水，连用3～5 天。维生素 C，每只雏鹅 0.05 克/次。

④中西药结合疗法。用黄芪多糖注射液配合阿米卡星或庆大小诺，根据日龄大小适量配比，连续肌内注射 2～3 次，效果明显。也可以口服清瘟败毒散或双黄连口服液、多西环素拌料饲喂，连续喂 5～10 天，效果明显。

(4) 鹅的鸭瘟病毒病。鹅的鸭瘟病毒病，也称鹅病毒性溃疡性肠炎或鹅鸭病毒性肠炎，是由鸭瘟病毒感染引起的鹅的一种急性败血性传染病。鹅与患鸭瘟的病鸭在密切接触的情况下可感染鸭瘟病。病鹅以体温升高，流泪，头颈肿大，腹泻，两脚发软无力，肠黏膜坏死、溃疡，泄殖腔溃烂为特征。本病原来是鸭的一种疾病，仅是少数鹅感染发病。但近年来本病呈逐年上升趋势，已逐渐发展为地方性流行，特别小鹅尤为敏感，发病率和死亡率都较高，给养鹅生产造成巨大的经济损失，本病也是养鹅地区一种重要的病毒性传染病。

【病原】引起本病的病原体为鸭瘟病毒，属于疱疹病毒科甲型疱疹病毒亚科，双股 DNA 病毒，立体对称型，有囊膜，衣壳结构不清楚。病毒粒子呈球形，平均直径 130 纳米。将病毒接种9～12 日龄鸭胚绒毛尿囊膜，4～6 天孵育，大部分鸭胚死亡。胚胎呈广泛的出血变化，肝脏内常有特征坏死灶；部分绒毛尿囊膜发生水肿、充血、出血变化。能在鸭胚成纤维细胞培养物内增殖和传代，并产生明显的细胞病变，能发现大量核内包涵体。本病毒能在鸭胚单层细胞培养物内形成小型蚀斑。世界各地分离的所有毒株的抗原性都是一致的，都具有相同的抗原成分，但不同毒株之间的毒力是有差异。病毒缺乏血凝性，对鸡、鸭、鹅、家兔、豚鼠、黄牛等多种动物的红细胞均无血细胞凝集现象，也无血细胞吸附作用。本病毒广泛分布于病鹅体内各组织器官及口腔分泌物和粪便中，以肝、脾的含毒量为最高。本病毒对外界环境具有较强的抵抗力，病毒经 50℃ 90～120 分钟、56℃ 10 分钟、80℃ 5 分钟才能灭活。室温 22℃ 需经 30 天后病毒才丧失感染力。夏季直射阳光下，9 小时后毒力丧失。本病毒对低温的耐受力较强，－20～－10℃ 经一年后对鸭仍有致病力。一般磺胺类药物和青霉素、链霉素、土霉素、金霉素等抗生素对本病毒均无作用。病毒对脂溶剂敏感，常用的消毒剂如 0.5％ 石炭酸 60 分钟、0.5％ 漂白粉与 5％ 生石灰 30 分钟 75％ 酒精 5～30 分钟对病毒均有致弱或杀灭作用。

【流行特点】鹅的鸭瘟均发生于鸭瘟流行的地区。鸭的鸭瘟病通常在盛夏和初秋流行严重，鹅的鸭瘟病则在其后流行，多发生在 9～10 月间。一般在鸭发病 1～2 周后，鹅群内就有少数鹅开始发病。少数鹅发病后，通常在 3～5 天内遍及全群，整个流行过程约 2～6 周。鹅的发病率 20％～50％，病鹅死亡率可达90％以上。病程一般为 2～5 天。本病常呈地区性流行，仅有少数呈散发性流行。各种年龄、品种、性别的鹅均可感染，小鹅尤为敏感，以 15～50 日龄的鹅易感染性最高，死亡率也高。公鹅抵抗力较母鹅强。鸭瘟的传染源主要是病鸭、鹅，潜伏期的感染鸭、鹅以及病愈不久的带毒鸭、鹅（至少带毒 3 个月）。健康鹅与病鸭同群放牧能发生感染，病鹅排泄物污染的饲料、水源、用具、运输工具以及鹅舍周围的环境，都有可能造成鸭瘟的传播。某些野生水禽如野鸭和飞鸟，能感染和携带病毒，成为本病传染源或传染媒介；此外某些吸血昆虫也可能传播本病。自然条件下，鸭瘟的传染途径主要通过消化道感染，也可通过呼吸道、交配和眼结膜感染，人工感染可以通过口服、滴鼻、泄殖腔接种、静脉注射、腹腔注射和肌内注射等途径，均可使健康易感鸭、鹅致病。易感鹅与传染源直接接触或与被病毒污染的饲料、饮水接触都可引起感染发病；或购进的病鸭与鹅群共养使鹅感染得病；对鸭瘟处理不善，可使附近鹅群受到感染。环境污秽、拥挤、气候突变、内寄生虫感染，饲料霉变，饥饿等因素，均可成为鹅发生鸭瘟病的诱因。

【临床症状】鹅感染鸭瘟病毒与鸭瘟症状基本相似。一般散发，呈慢性经过。鹅患病初期表现精神和食欲变化不大，体温升高到 42～43℃。继而精神沉郁，缩颈，羽毛蓬乱而无光泽，食欲大减甚至废绝，喜欢饮水。病鹅两腿发软或麻痹，常伏地不起，个别病例翅膀下垂，不愿下水，行动困难甚至伏地不愿移动，强行驱赶时，步态不稳或两翅扑地勉强挣扎而行，走不了几步即行倒地，以致完全不能站立。眼睑肿胀，眼结膜充血、出血，流泪，鼻孔内有大量浆液或黏液性分泌物。少数病鹅头部肿大，呼吸困难，常摆头或表现出头往上仰、咳嗽，部分病例肛门水肿，排黄白色或浅绿色稀粪，粪中带血，肛门周围被粪便污染；泄殖腔黏膜充血、肿胀，严重者泄殖腔外翻，患病公鹅阴茎不能收回。病鹅一般在病后的 2～5 天死亡，有的可持续更长时间，死前全身震颤，死亡后倒提时，可从口中流出淡黄色并带有臭味的混浊液体。成年鹅多表现为产蛋下降、流泪、腹泻、跛行等症状。若继发巴氏杆菌病，死亡率将很高。

【剖检】病死鹅剖检，全身浆膜、黏膜、皮肤有出血斑块。眼睑肿胀、充血、出血，并有坏死灶。部分病例可见皮下组织炎性水肿。明显的病变主要在肝脏和消化道。肝的病变最为普遍、恒定、明显和典型。肝脏表面有数量不等、不规则的、大小不一的灰黄色、白色坏死灶或出血点，少数坏死点中间有小出血点甚至化脓，或其外包有坏死状出血带。整个肠道都有充血、出血、坏死。口腔和食管黏膜上有数量不等的灰黄色伪膜或小出血点，剥离伪膜后往往发现有出血或溃疡病变。食管与腺胃交界处及肌胃角膜下有出血斑点和坏死灶，十二指肠和其他肠段见较严重的弥漫性充血、出血或急性卡他性炎症，直肠后段斑驳状出血或形成连片的黄色伪膜，泄殖腔充血、出血、水肿，黏膜表面常覆盖有不易剥离的灰绿色坏死结痂，用刀刮有磨砂感。法氏囊黏膜水肿、出血，部分病例可见囊腔内充满血凝块。少数病例还有黄绿色伪膜性坏死。其他器官的病变可表现有心、脾、肾等实质脏器表面出现小点状瘀血或出血，心内膜有出血点，有的心包内有少量淡黄色积液，脾不肿大，但呈斑驳状变性。

【诊断】根据病鹅发病情况、临床症状、剖检病变，再了解是否有与病鸭、病鹅接触等情况，一般可做出诊断，但确诊须依靠实验室诊断。

①病原的分离和鉴定。无菌采集急性死亡鹅的肝、脾、脑等组织研细磨匀后，用10倍生理盐水稀释，取上清液按每毫升各1 000单位量加入青霉素、链霉素。然后按每枚蛋0.2毫升剂量，接种9～14日龄鸭胚的绒毛尿囊膜，受感染鸭胚可能在接种后4～10天死亡。死亡胚胎出现明显水肿、充血、出血。如果初次分离为阴性，可收获绒毛尿囊膜做进一步的盲目传代。对病毒的鉴定：鸭瘟病毒为DNA病毒，对乙醚和氯仿敏感。可用已知血清做中和试验，以便进一步鉴定。

②动物接种。将病料按常规方法进行处理，然后取上清液0.2～0.5毫升接种于来自无特定病原体鸭群的1日龄雏鸭，注意雏鸭不带有母源抗体。一般在接种后3～12天可观察到发病及死亡情况。剖检时可见到典型的鸭瘟病变。

【防治措施】目前，本病尚无特效治疗药物。预防和控制本病主要依靠平时的综合防疫措施。应重点做好以下几方面的工作：

①加强饲养管理，严格卫生消毒制度，避免鸭瘟病毒污染各种用具物品、运输工具以及饲料、饮水等。对鹅舍、运动场、饲养管理用具及水池保持清洁卫生，定期用 10% 石灰水和 5% 漂白粉消毒。鹅群一旦发病，必须迅速采取严格封锁、隔离、消毒、毁尸及紧急接种等综合防疫措施。同时配合严格隔离及对场地、用具等的彻底全面大消毒等手段，以尽快控制疫情蔓延。

②严格检疫。不从疫区引进种鸭、鹅，鸭、鹅苗以及种蛋。确需引进时，应详细了解当地的疫情，经严格检疫后引进。引进的鸭、鹅应隔离饲养一段时间，经检疫、观察无病发生，才能合群饲养。不与发生鸭瘟的鸭、鹅接触，避免鹅、鸭共养或共饮同池水源或被鸭瘟病毒污染的饲料和饮水，少放牧，圈养可以减少感染机会。

③做好免疫防疫工作，制定合理的免疫程序。目前提供的疫苗有鸡胚化鸭瘟弱毒疫苗和大鹅瘟苗（鹅体内分离毒培育）。注意：使用鸭瘟疫苗时，剂量应是鸭的 5~10 倍，种鹅一般按 15~20 倍接种。一般雏鹅（1 月龄以内）免疫期为 1.5 个月，2 月龄以上的鹅免疫期为 6~9 个月。疫苗的稀释常用生理盐水，且要严格用量，30 日龄以内鹅可稀释 40 倍，肌内注射 0.2 毫升/只，2 月龄鹅可稀释 100 倍，肌内注射 0.5 毫升/只，5 月龄以上鹅可稀释 200 倍，肌内注射 1 毫升/只。例如，在疫区成年鹅可用广东省农科院兽医研究所产的石井系鸭瘟苗以 1∶50 的比例稀释，每只 1 毫升预防免疫；也可用该所的大鹅瘟疫苗 1∶500 的比例稀释，每只 1 毫升预防免疫。

④治疗

A. 在发病鹅群中用鸡胚化鸭瘟弱毒疫苗以 1∶20 的比例稀释，每只 1 毫升紧急注射。也可用大鹅瘟疫苗以 1∶100 的比例稀释，每只 1 毫升用于发病鹅群紧急注射。小鹅视大小酌情减量。对未发病的鹅群立即接种疫苗，也可对未发病或发病轻微的鹅群用抗鸭瘟高免卵黄或高免血清治疗，肌内注射 0.5~1 毫升/只，治愈后 10 天左右仍要接种疫苗。

B. 发病鹅群应多喂青料，少喂粒料，同时可用口服补盐液代替饮水 4～5 天。饲料中应增加维生素的用量，同时使用适当的抗生素拌料或饮水，以预防继发细菌性感染，如用土霉素等拌料饲喂。

C. 中草药治疗。

方一，大青叶 125 克、板蓝根 200 克、茵陈 300 克、银花 125 克、茅草根 500 克、川红花 125 克、穿山甲 125 克、苏马勃 750 克，水煎拌料供 20 只鹅 1 日使用，3～5 日为一疗程。

方二，薄荷柴胡汤。柴胡、苍术、黄芩、大黄、栀子、明雄各 6 克，薄荷 8 克，辛夷、细辛、甘草各 4 克，牙皂、樟脑各 3 克，混合加水蒸汤，每天上下午分别滴服 1 次，成鹅每次 5～8 毫升，中鹅 3～5 毫升，雏鹅 7 日龄以内 3～5 滴。一剂可供 100 只雏鹅或 40 只中鹅或 10～20 只成鹅 1 天使用，连用 3～5 天即可痊愈。

（5）鹅的禽流感。鹅流行性感冒（简称鹅禽流感），是由 A 型禽流感病毒中的某些致病性血清亚型毒株所引起的鹅的急性传染病。禽流感病毒有不同的亚型，由 H5 和 H7 亚型毒株所引起的禽流感称为高致病性禽流感，由 H9 亚型毒株所引起的禽流感多呈慢性经过。临床上，病鹅常呈头、颈部肿胀，故俗名"鹅肿头病"；也因病鹅眼睛严重潮红，故又俗称"鹅红眼病"；又因病鹅眼睛充血、出血和鼻腔流血，故也称之为"鹅出血症"；又因该病具有高的发病率和病死率，故又称"鹅疫"。因感染毒株的毒力差异较大，鹅感染后发病率和死亡率差别也较大，是危害养鹅业的严重疫病之一。

【病原】鹅禽流感病毒属于正黏病毒科、流感病毒属、A 型流感病毒。病毒粒子呈短杆状或球状，有囊膜，直径 80～120 纳米。根据流感病毒血凝素 HA 和神经氨酸酶 NA 抗原性的差异，又可将其分为不同的亚型。目前，A 型禽流感病毒的 HA 已经发现 16 种，分别用 H1～H16 表示，NA 已发现 10 种，分别用 N1～N10 表示。禽流感病毒虽然亚型众多，但多数毒株是低致病性（LPAIV）的，只有 H5 和 H7 亚型的少数毒株被认为是高致病性禽流感病毒（HPAIV）。禽流感病毒能凝集鸡和某些哺乳动物（马、骡、驴、绵羊、豚鼠、小鼠）等的红细胞，且可以被其特异性抗体所抑制。变异是禽流感病毒的重要生物学特性之一，包括抗原性变异、凝集不同品种动物红细胞能力、对抗体亲和性、毒力、对非特异性抑制素敏感性、对热稳定性、宿主范围等方面变异等。在野外条件下，流感病毒常从感染禽的鼻腔分泌物和粪便中排出，病毒受到这些有机物的保护极大地增加抗灭活的抵抗力。此外，流感病毒可以在自然环境中，特别是凉爽和潮湿的条件下存活很长时间，如－70℃冻干可长期保存。粪便中病毒的传染性在 4℃条件下可以保持长达 30～50 天，20℃时为 7天。本病毒对乙醚、氯仿等脂溶剂敏感。56℃30 分钟、60℃10分钟，65～70℃经数分钟即失去活性，直射阳光下 40～48 小时被灭活。常用消毒剂如福尔马林、稀酸、氨离子、卤素化合物等都能迅速破坏其传染性。禽流感病毒致病力的变化范围很大，流感病毒感染引发的疾病可能是不明显的或是温和的一过性的综合征，严重的病例甚至是 100％发病率或死亡率。

【流行特点】本病一年四季都可发生，但以冬、春两季多发，即以每年的 11 月份至次年的 4～5 月份为发病、流行的高峰期，特别是天气潮湿、阴冷，更适宜流感病毒的存活与传播。鸡、火鸡、鸭、鹅、鸽均可发病，鹅近年发病率增高。各种日龄的鹅均可发病，日龄愈小，发病及死亡愈严重，尤其是 1～2 个月龄仔鹅最易感染。发病时，鹅群中先有几只出现症状，1～2 天后波及全群，急性病例没有出现症状突然死亡，病程一般 3～15 天。其发病率和死亡率受病毒生物学特性的变化（高致病或低致病性）、有无并发感染、饲养管理条件、环境应激，以及禽类的品种、年龄和性别等许多因素的影响，可以从无症状感染到接近

100％的感染。

患者和带毒者是主要传染源。病鹅可以从呼吸道、结膜和消化道排出病毒，通过直接接触、空气飞沫传播，也可经垂直传播，还可经患禽的羽毛、肉尸、排泄物和分泌物，以及被污染的水源、饲料、饲草和用具等而传播。养殖场之间的人员及设施的流动是最主要的机械传播途径。各种日龄和各品种的鹅群均具有高度易感性，值得注意的是，鹅、鸭、鸡饲养环境交错的复杂环境下，鸭与鹅的 H5 亚型禽流感病毒有可能横向感染鸡。H5 亚型流感病毒株对各种日龄的鹅均具有高度发病率和病死率，以 1 月龄以内的雏鹅、雏鸭尤为敏感。雏鹅的发病率可高达 100％，死亡率也可达 90％以上，尤其是 7 日龄以内的雏鹅发病率和死亡率均为 100％；其他日龄的鹅群发病率一般为 80％～100％，死亡率一般为 40％～80％，产蛋种鹅的发病率近 100％，死亡率为 40％～80％。气候变化无常、相对湿度较高及饲养管理不善时，感染发病率最高。

【临床症状】由于禽流感病毒的致病力不同，引起鹅只的临床症状亦有所差异，以喙、头瘤和蹼呈紫黑色为本病特征症状。根据疾病的病程发展，可分为最急性型、急性型和慢性型。

①最急性型。由高致病力毒株引起的病鹅常常无明显症状，突然发病，食欲废绝，精神高度沉郁，不食不喝，蹲伏地面，头下垂，很快倒地，两脚做游泳状摆动，不久就死亡，发病率和死亡率可达到 100％。

②急性型。这一病型的症状最为典型，主要以呼吸系统、神经系统、生殖系统症状为主。病鹅发病后可见精神沉郁、体温升高、咳嗽、气管有啰音、鼻窦肿胀、流黏性鼻液、羽毛松乱、双翅下垂、食欲减退并逐渐废绝、身体蜷缩、昏睡、反应迟钝。病鹅喙和头瘤呈紫黑色并干枯坏死，脚蹼发绀，两脚发软，不愿走动或站立不稳，或后退倒地，常伏地不起。若强行驱赶则表现共济失调；若强赶下水则只漂浮在水面上，很快就挣扎上岸，蹲伏

133

沉睡。病鹅出现神经症状如曲颈歪头，并左右摇摆或频频点头，甚至将喙接触地面昏睡。有部分病鹅突然盲目地向前冲，碰到障碍物之后立即倒地，或站起来之后又倒退，这样反复 2～3 次后，或倒地衰竭而死，或倒地挣扎之后出现呼吸困难，最终因窒息而死。部分病鹅头部、下颌皮下明显水肿，因而出现头颈肿大。早期眼眶湿润、有泪水，随后红肿，眼结膜充血，有出血点或出血斑，眼泪呈红色，俗称"血泪"；眼睛周围羽毛黏着分泌物，呈黑褐色。后期见眼角膜混浊呈灰白色（俗称"眼生白膜"）。有些病例的瞬膜有出血点或出血斑，严重病例瞎眼。部分病鹅鼻孔流出鲜红色血液或分泌物中带血。病鹅下痢，排黄白色或黄绿色水样稀粪。产蛋鹅群发病后产蛋率急剧下降，1 周之内可使产蛋率下降至 20%，甚至停产，死亡率可达 30%～80%，耐过的种鹅经 1～1.5 个月才能恢复产蛋，有些病鹅甚至绝蛋。病鹅的病程不一。雏鹅一般为 2～4 天，成鹅（包括成鹅以前各个生长阶段）为 4～10 天。

③慢性型。多由低毒力毒株引起，发病率和死亡率都很低，病鹅表现为以呼吸道症状为主，一旦发病，很快波及全群。病鹅出现呼吸急促，鼻孔流出浆液性分泌物，呼吸时发出啰音、咳嗽，2～3 天后大部分病鹅呼吸症状减轻。发病期间，病鹅食欲减少，育成鹅和种鹅生长停滞、精神不振、嗜睡、肿头、眼眶湿润、眼睑充血或高度水肿向外突出呈金鱼眼样，病程长的仅表现单侧或双侧眼睑结膜混浊，不能康复；种鹅产蛋率急剧下降，畸形蛋增多，如产软壳蛋、无壳蛋、沙壳蛋等。若在发病早期经及时治疗，有明显效果，症状迅速减轻或消失，食欲基本恢复正常。病程较长者，死亡率 3%～10% 不等。母鹅患病后主要以降蛋为主，死亡率较低。

【剖检】该病主要以全身器官和组织的广泛性出血为主要病理变化，胰腺的灰白色的坏死灶是该病的特征病变。头、颈皮下水肿，切开后有胶冻样渗出物；鼻腔有黏液，气管、肺、气囊部有纤维素性渗出物。消化道浆膜和黏膜表面有小点出血，特别是腺胃、肌胃交界处出血；全身皮下脂肪出血。许多器官均可见到充血和斑状出血，尤其是腺胃、肌胃、角质膜下、十二指肠、盲肠扁桃体、心外膜、心冠沟脂肪等处水肿，出血明显。脾脏肿大突出，表面有粟粒状灰白色斑点。肝有脂肪性病变；胰腺充血、出血，常见有灰白色坏死斑；肾脏有时出现坏死点。患病产蛋鹅在发病后 2～5 天内停止产蛋，未死的鹅一般要在 1～1.5 个月后才能恢复产蛋。产蛋母鹅卵泡破裂于腹腔中，形成卵黄性腹膜炎；卵泡膜变性、充血、有出血斑，输卵管浆膜充血、出血，腔内有凝固蛋白。病程较长的母鹅卵泡萎缩，卵泡膜充血、出血或变形，卵巢呈紫葡萄状。病鹅法氏囊黏膜出血。慢性的多由 H9 亚型引起，以支气管堵塞、腹膜炎和产蛋下降为特征。

【诊断】根据流行特点（多在每年的入冬至次年的初夏季节，特别是天气骤变、寒流过后数日内或连绵阴雨时期发病，传播迅速，在短时间内即可传播至周边鸭场、鹅场），再结合临诊症状和病理变化，可做出本病的初判。确诊必须进行病原的分离鉴定和血清学试验。血清学诊断主要有以下几种：

①琼脂凝胶扩散试验。用于对流感病毒的检查。所有 AIV 亚型均具有型特异性共同抗原，该种抗原保守性很强，基本不产生变异。

②血凝和血凝抑制试验。该方法可证实流感病毒的血凝活性及排除 NDV。因此试验可以分别确定 HA、NA 亚型。

③中和试验。以中和试验（NT）来鉴定或滴定流感病毒时，常用鸡胚或组织培养细胞。

④免疫荧光技术。最早用于鉴定和定位流感病毒感染细胞中特异性抗原，主要是 NP 或 MP 抗原。用 NP 抗原的荧光抗体染色主要出现核内荧光；用 MP 抗原的荧光抗体主要是胞质荧光。

⑤ELISA 技术。ELISA 具有较高的敏感性，既可以检测抗体，也可以检测抗原，尤其适合于大批样品的血清学调查，可以

标准化而且结果易于分析。用于流感的控制、扑灭、检疫。

【鉴别诊断】

①与鹅副黏病毒病区别。副黏病毒病脾脏肿大，有灰白色大小不一的坏死灶，肠道有散在性或弥漫性、大小不一、淡黄色或灰白色纤维素性的结痂病灶。而鹅流感以全身器官出血为特征。

②与小鹅瘟区别。小鹅瘟常感染 1 月龄以内的雏鹅，尤其 15 日龄以内的雏鹅有较高的发病率和死亡率，病鹅回盲段常见有套管型肠栓特征性病变（外观如香肠状）。而鹅流感在各种年龄的鹅都有发生，病鹅以全身组织器官出血，尤其是肝脏和肠黏膜块状出血，法氏囊出血为特征病变。

【防治措施】禽流感传播速度快，范围广，且由于病毒的血清亚型众多，各亚型之间交叉保护不佳，故一旦鹅群发病后，很难得到有效控制。因此，为了防止传染源的入侵，严防本病在鹅群的发生，必须做好以下几点：

①保证全进全出的饲养制度，出栏后空栏要消毒和净化 15 天以上；不同品种的家禽绝不能同场饲养，种鹅群和肉鹅群分开饲养；禁止从疫区引种，从源头上控制本病的发生；正常的引种要做好隔离检疫工作，最好对引进的种鹅群抽血，做血清学检查，淘汰阳性个体；无条件的也要对引进的种鹅隔离观察 5～7 天，淘汰盲眼、红眼、精神不振、步态不正常、排绿色粪便的个体；避免与别的鹅群、鸭群交叉放牧，减少病毒的传播；要有供本场鹅、鸭专用的水塘、运动场；水塘、运动场、鹅舍和鹅群、鸭群要定期消毒，并随时保持清洁卫生。平时加强幼鹅的饲养管理，注意鹅舍的通风、干燥、温度、湿度以及鹅群饲养密度，以提高机体的抗病力。严禁到市场出售发病或感染的鹅、鸭等。

②加强免疫。一些国家使用灭活油乳剂疫苗，包括单价疫苗和多价疫苗，对预防和控制禽流感有积极的作用，取得较好效果。我国农业部正式批准的禽流感疫苗有 H5N2 禽流感灭活疫苗、H5/H9 二价禽流感灭活疫苗，H5N1 重组禽流感病毒灭活

疫苗和 H5 禽流感鸡痘病毒载体活疫苗等四种及禽流感新城疫重组二联灭活疫苗。有母源抗体的雏鹅，第一次免疫在 10～15 日龄，每只用灭活苗皮下注射 0.5 毫升；1.5 个月后再皮下或肌内注射 0.5 毫升。无母源抗体的雏鹅，可在 2～7 日龄或 10～15 日龄皮下注射 0.5 毫升；1.5 个月后再皮下或肌内注射 0.5 毫升。种鹅免疫：7～15 日龄用灭活苗皮下注射 0.5 毫升；1.5 个月后再皮下或肌内注射 0.5 毫升；再过 2 个月左右肌内注射 1 毫升进行第三次免疫；第四次免疫在产蛋前 15 天，肌内注射 1 毫升；过 2 个月后再免疫 1 次，肌内注射 1 毫升。紧急预防：每鹅皮下或肌内注射灭活苗 0.5～1 毫升，1 个月后再用灭活苗二免。也可先用抗体作紧急注射，6～7 天后再用灭活苗免疫。商品肉鹅 7～10 日龄时，用 H5N1 亚型禽流感灭活疫苗进行一次免疫，第一次免疫后 3～4 周，再用 H5N1 亚型禽流感灭活疫苗进行一次加强免疫。散养鹅春、秋两季用 H5N1 亚型禽流感灭活疫苗各进行一次集中全面免疫，每月定期补免。

③栏舍、场地、水上运动场、用具、孵化设备要定期消毒，保持清洁卫生。水上运动场以流动水最好。水塘、场地可用生石灰消毒，平时隔 15 天消毒 1 次，有疫情时隔 7 天消毒 1 次，防止和避免野生水禽污染水源而引起感染；用具、孵化设备可用福尔马林熏蒸消毒或百毒杀喷雾消毒；产蛋房的垫料要常换、常消毒。

④目前，本病尚无特效疗法。对病鹅群适当使用抗生素（如青霉素、链霉素等），以控制一些病菌的并发或继发感染。一些支持性药物（如多种维生素、氨基酸等）对病情好转也有所帮助，可促进病鹅早日康复。一旦鹅群发现可疑病例，应立即向上级兽医部门汇报疫情，以便及时采取有效措施，包括隔离、封锁、扑杀、消毒、无害化处理等，防止疫情进一步扩散。禽流感被国际列为 A 类烈性传染病，切不可掉以轻心。

（6）鹅病毒性肝炎。鹅病毒性肝炎是一种传播迅速、发病急、致死率高的传染病，主要特质是肝肿大并有出血斑点。在规模饲养场，孵化季节流行甚广，传播快，主要侵害 5～20 日龄雏鹅，传播迅速。成鹅不易感染。在饲养管理不当、舍内潮湿、密度大、饲料中维生素和矿物质缺乏时可引发此病。

【病原】鹅病毒性肝炎病原体与鸭病毒肝炎是同一种病毒（小 RNA 病毒），属肠道病毒属。可分为 3 个类型。Ⅰ型又称为古典型，特点是发病急，死亡率高达 80%～100%，还有变异株，危害极大；Ⅱ型为星状病毒，致病力比Ⅰ型弱；Ⅲ型没有变异株，致死率不高，一般为 30% 左右。病毒能生长繁殖，阻滞胚胎发育，引起腿和腹部出现明显的水肿现象，并增殖病毒。该病毒对外界抵抗力较强。

【流行特点】侵害雏鹅、雏鸭、雏鸟，并致其肝脏典型病变，对禽类生产和健康是一种危害。常在天气变化、气温低时突然发病。在饲养管理不当、舍内潮湿、密度大、维生素缺乏时也可引发此病。主要传播途径是接触传染，潜伏期为 24 小时，可通过呼吸道、空气、饲料、饮水传染。

【临床症状】本病潜伏期一般为 1～4 天，雏鹅发病常在 4～5 日龄后，急性的无任何症状突然死亡。病鹅最初症状是扎堆、精神沉郁、呆滞、食欲减退，行走迟缓，翅膀下垂，缩头拱背，呈闭眼昏睡状态，集堆或离群独居。随后病鹅出现共济失调，阵发性抽搐等神经症状。两脚痉挛性反复踢蹬，身体倒向一侧，头向后仰，有的打圈呈角弓反张姿势。十几分钟后死亡，死亡后喙端及爪尖瘀血呈暗紫色。部分病例死前排黄白色或绿色稀粪。

【剖检】本病主要病变部位在肝脏，肝脏肿大，质脆，外观表面有斑点状或片状出血或坏死灶，呈红黄色或土黄色，被膜下有点状、条状、斑状出血。胆囊肿大，胆汁呈淡绿色，脾有不同程度的肿大，胰脏也有出血点或出血，肾脏肿大呈条纹状充血、出血。

【诊断】本病以突然发病，迅速传播和急性经过为特征，以肝脏肿大、质脆、出血、土黄色为主要剖检症状。取病灶研磨，加入抗生素，离心沉淀，取上清液，接种9日龄鸡胚4枚，72小时全部死亡。剖检肝脏仍有与病鹅同样的黄色坏死灶，即可诊断。诊断时应注意与黄曲霉中毒症相区别：后者虽也伴发共济失调、角弓反张等神经症状，但不会引起肝脏出血，而以呼吸系统病变为主。

【防治措施】本病主要通过消化道及呼吸道感染，所以控制发病应以预防为主，同时要做好消毒工作，应从孵化开始，包括饲养场地、饲料、饮水、饲养工具、饲养人员、车辆等，都要在育雏前做好消毒、防护工作。

①预防时，可在出壳4～16小时内接种病毒肝炎疫苗；定期喂饮消毒药，清除肠道病毒传播途径；入雏1周内喂1个疗程的肠道消炎药，如大肠杆菌杀星、氟本尼考制剂，并加入维生素C，提高抵抗力。做好饲养管理，减少冷刺激；喂1个疗程的抗病毒药，如中草药、病毒唑等，防止早期感染。

②清洗消毒。彻底清刷料槽、水槽，喷雾消毒，病鹅用百毒杀消毒液（按1∶2000比例）消毒。

③治疗。发病后的雏鹅注射病毒性肝炎的卵黄抗体或高免血清，效果良好。

④辅助疗法。用速补20加10％口服葡萄糖，饮水，每日2次，连饮7日，促进解毒、排毒。在无口服葡萄糖情况下，用白糖0.5千克加水5千克，加维生素C50克，每日饮水2次，连饮5日为一个疗程，提高抵抗力，减少死亡。

⑤中草药治疗

方一，板蓝根30克，茵陈30克，黄连30克，黄柏30克，黄芩30克，连翘20克，金银花20克，枳壳25克，甘草25克，混合水煎，供300～500只病鹅1天拌料内服，病情严重者用煎液5～10毫升灌服，每天1剂，连用3～5天。

方二，板蓝根100克，茵陈80克，菊花50克，龙胆草50

克，川楝子 50 克，香附 40 克，钩藤 40 克，栀子 50 克，大黄 30 克，甘草 50 克，混合水煎，供 100 只雏鹅 1 次饮水，病重者滴灌滴服 10～12 滴，每天 2 次，治愈率达 94％以上。

方三，银花、连翘、龙胆、栀子、柴胡、甘草各 60 克，田基黄 50 克，茵陈 80 克，板蓝根 100 克，水煎，加 150 克葡萄糖供 100 只雏鹅 1 次饮服，病重者灌服。每天 2 次，连用 3 天，治愈率达 95％。

77. 怎样预防和治疗鹅群常见的细菌性和真菌性疾病?

鹅常见的细菌性和真菌性传染病有鹅大肠杆菌病、鹅霍乱、鹅副伤寒、鹅葡萄球菌病、鹅链球菌病、鹅结核病、鹅口疮、鹅曲霉菌病。下面就这几种鹅场常见病毒性传染病分别进行介绍。

（1）鹅大肠杆菌病。鹅大肠杆菌病是由埃希氏大肠杆菌引起的一种急性传染病。2 周龄以内的雏鹅多发，呈败血性传染。本病也可感染成鹅，成鹅患该病又称母鹅卵黄性腹膜炎，是产蛋母鹅常见的疾病。由致病性的埃希氏大肠杆菌引起产蛋母鹅的卵巢、卵子和输卵管感染，导致母鹅发生卵黄性腹膜炎，俗称"鹅蛋子瘟"。该病对成鹅而言流行于产蛋期间，可使母鹅产蛋率明显下降，并发生死亡，具有较强的传染性。雏鹅的发病多与种蛋污染有关，但饲养管理不良，如天气寒冷、气候骤变、青绿饲料不足、维生素 A 缺乏、鹅舍及运动场污秽潮湿、鹅群过度拥挤、闷热、长途运输等因素，均能促进本病的发生与传播。成年母鹅群感染发病后流行期间常造成多数鹅只死亡，死亡率可占母鹅发病总数的 10％以上。公鹅感染后，虽很少会引起死亡，但可通过配种传播疾病。

【病原】本病原为某些致病血清型大肠杆菌，常见有 O2K89、O2K1、O7K1、O141K89、O39 等血清型。大肠杆菌是一种革兰氏阴性不形成芽孢的杆菌，大小通常为 2～3 微米×0.6 微米。

许多菌株能运动，具有周身鞭毛。大肠杆菌能在普通培养基上于18～44℃或更低的温度中生长，菌落圆而隆凸、光滑、半透明、无色，直径1～3毫米，边缘整齐或不规则，呈颗粒状结构。大肠杆菌在肉汤中生长良好，在麦糠凯琼脂平皿上形成红色菌落。本菌广泛存在于鹅舍和周围的环境中以及动物体内，一旦饲养管理不当，鹅舍潮湿、通风不良、环境卫生差等不良因素的影响，鹅的抵抗力下降，就能促使本病的发生。本菌对外界环境抵抗力不强，常用的消毒药很容易将其杀死。

【流行特点】大肠杆菌广泛地存在于自然界中，一年四季均可引起发病。幼鹅以温暖潮湿的梅雨季节易发，密闭关养的仔鹅则以寒冷的冬春季节多见。本病在产蛋鹅群中流行时，产蛋早期零星发生，随着产蛋增多，发病增多，产蛋期结束本病停止。本病流行后，母鹅常出现大批死亡，死亡率可达10％以上，在产蛋高峰期及寒冷季节发病率最高，可达25％以上，死亡率15％左右，病鹅产的蛋受精率和孵化率均明显降低。公鹅一般不会死亡，但是感染本病后可通过配种而传给母鹅。

本病的传染源主要是病鹅和带菌鹅，它们的尸体和粪便随时会污染饲料、饮水、池塘、饲养场地和饲养用具等。健康雏鹅很容易感染上大肠杆菌，一般通过消化道或呼吸道进入体内，但不一定立刻发病。当饲养管理条件不好，机体抗病力降低，或患有其他疾病时，寄居在体内的细菌会乘机进入血管，随血流分布全身，引起败血症或其他病症。不同品种和日龄的鹅都可发生感染致病，但临床上以1～3周龄的鹅多见，表现的病型亦有一定的差异。本病经消化道感染，也可经鹅舍的尘埃经呼吸道感染，或是病菌污染蛋壳进入孵种蛋裂隙使胚胎发生感染，导致胚胎死亡或初生雏鹅致病。病原菌还可经损伤的皮肤侵入，此外，成年鹅还可以通过交配引起感染，促使本病迅速传播和蔓延。

【临床症状】母鹅感染后，急性型表现败血症，发病急，死亡快，食欲废绝，但渴欲增加，体温升高，比正常温度高出1～

2℃。慢性型病程 3～5 天，有时可长达 10 天。母鹅在开产后不久，即有部分表现精神不振，食欲减退，不愿走动，喜独处，气喘，站立不稳，头向下弯，嘴触地，腹部膨大，排黄绿色稀粪，粪中混有黏性蛋白状物和黄白色凝块，肛门周围沾着粪污。病鹅眼球下陷，消瘦，呈脱水症状，最后衰竭而死。雏鹅特征性的症状是小鹅肿头症，一般先结膜发炎，眼肿流泪，有的上下眼睑粘连，严重者头部、眼睑、下颌部水肿，尤以下颌部水肿明显，触之有波动感。多数很快死亡，有的经 5～6 天死亡。

根据病理特征可分以下几种病型：

①卵黄囊炎及脐炎型。本病型多发生于胚胎期至 3 日龄的雏鹅，感染的鹅胚有的在孵出前可能死亡，即使能出雏的也大多是残弱雏鹅，或推迟半天至 1 天时间，且脐部多与蛋壳内壁粘连，临床所见病例，腹部膨大，脐部发炎肿胀，有的脐孔破溃，皮肤较薄，严重者颜色青紫，病雏精神差，两肢无力，喜卧嗜睡，不吃或少食，饮水亦少，一般多于 1～3 天内死亡，极少数病雏也能拖延至 5～7 天。

②眼炎型。多见于 1～2 周龄雏鹅，发病雏鹅眼结膜发炎、流泪，有的角膜混浊，病程稍长的眼角有脓性分泌物，严重者封眼，病程 1～3 天。本病型有时在鹅群中常与其他病型同时出现。

③关节炎型。临床多见于 7～10 日龄雏鹅，病雏鹅一侧或两侧跗关节或趾关节炎性肿胀，运动受限，出现跛行，吃食减少，若不及时治疗，病雏鹅常在 3～5 天内衰竭死亡。本病型有时也见于青年鹅或成年鹅。

④败血型。本病型见于各种日龄的鹅，但以 1～2 周龄幼鹅多见。常突然发生，最急性的则无任何症状出现死亡。发病鹅精神欠佳，吃食减少，饮欲增强，羽毛蓬松，缩颈闭眼，大便腹泻，常喜卧，不愿运动，部分病鹅出现呼吸道症状，眼、鼻常有分泌物，病程 1～2 天。

⑤脑炎型。见于 1 周龄的雏鹅，多为病程稍长的转为脑炎

型。病雏扭颈，出现神经症状，吃食减少或不食，病程 2～3 天。

⑥浆膜炎型。常见于 4～8 周龄仔鹅，病鹅精神沉郁，食欲不振或废绝，气喘甩鼻，出现呼吸道症状严重者张口呼吸，眼结膜和鼻腔常有浆液性或黏液性分泌物，缩颈闭眼，羽毛松乱，两翅下垂，常发生下痢。病程一般 2～7 天。

⑦肉芽肿型。临床上见于青年鹅或成年鹅，病鹅精神食欲不振，大便腹泻，行动缓慢，常落群，羽毛蓬松，逐渐消瘦，最后衰竭而死。病程 1 周以上。

⑧生殖器官炎型。又称鹅蛋子瘟、卵黄性腹膜炎，临床上见于成年母鹅。发病初期，部分产蛋母鹅产软壳蛋或薄壳蛋，继而产蛋减少，病鹅精神沉郁，食欲减退，不愿行动，下水后在水面上漂浮，常离群落后，肛门周围羽毛上沾有污秽发臭的排泄物，排泄物中混有黏性蛋白状物质及凝固的蛋白或卵黄小凝块。病鹅食欲废绝，消瘦，产蛋停止，失水，眼球下陷，最后衰竭死亡，病程 2～6 天，仅有少数病鹅能够自行康复，但丧失生殖能力，也会被迫淘汰。

【剖检】死于卵黄囊炎以及脐炎的雏鹅可见卵黄囊膜水肿增厚、卵黄吸收不良、卵黄稀薄、腐臭，呈污褐色，或内有较多的凝固的豆腐渣样物质。喙、脚蹼常干燥。眼炎型的病例，除眼结膜炎或角膜炎外，可见气囊轻度混浊，肝脏肿大，严重的呈青铜色，有散在的坏死灶，但囊充盈，肠道黏膜呈卡他性炎症。关节炎型的病死鹅，剖检可见跗关节或趾关节炎性肿胀，内含有纤维素性或混浊的关节液。败血型的病死鹅，常见心包积液，心冠脂肪有出血点，肝脏呈青铜色，有出血点或有散在的坏死灶，肠道黏膜呈卡他性炎症。幼雏有时伴有气囊炎、脐炎及眼结膜炎。脑炎型病例见肝脏肿大，呈青铜色，有散在的坏死小点，脑膜血管充血，脑实质有点状出血。死于浆膜炎型病鹅，可见心包积液、心包膜增厚，呈纤维素性心包炎，气囊混浊，表面有纤维素渗出，呈纤维素性气囊炎，肝脏肿大，表面亦有纤维素膜覆盖，有的肝胆伴有坏死灶；病程较长的腹腔内有淡黄色腹水，肝脏质地变硬。肠道黏膜轻度出血，鼻窦腔内有浆液性或黏液性分泌物。肉芽肿型的病死鹅可见心肌、肺、肠系膜上有绿豆至黄豆大小菜花样增生物，有时亦见于肝脏、肾脏和胰腺，肠道黏膜（小肠后端及盲肠）有坏死样肉芽肿病变。

小鹅肿头症特征性病变是：头部、下颌部的皮下组织水肿坏死，似胶冻状，并有多量的黄色液体浸润；眼结膜充血、出血，眼睑肿胀，甚至上下粘连。此外，脑充血，个别还见有出血点；肝脏肿大，边缘变钝；脾肿大，质地较脆；肠黏膜充血、出血，有的肺充血、出血；个别还见气囊混浊，心包膜增厚，心包液增多。

成年母鹅的特征性病变为卵黄性腹膜炎，腹腔内有少量淡黄色腥臭混浊的液体，常混有损坏的卵黄，各内脏表面覆盖有淡黄色凝固的纤维性渗出物，肠系膜发生炎症，使肠粘连，肠浆膜上有针尖状小出血点。卵巢变形萎缩，呈灰色、褐色或酱色等。输卵管黏膜发炎，内有小出血点和淡黄色纤维性渗出物沉着，官腔中含破裂的卵组织物，如小块蛋白、蛋黄等。卵子变形，呈灰色、褐色或酱色等不正常色泽，有的卵子萎缩。卵黄积留腹腔时间过久，可凝固成硬块，切面呈层状。鹅体消瘦，气管内有黄白色泡沫样渗出物。肝脏质脆、瘀血，表面有针尖大出血点。公鹅的病变仅限于外生殖器部分，阴茎上出现红肿、溃疡、结节，严重者可见阴茎表面布满绿豆大小坏死灶，里面是黄色脓性渗出物或干酪样坏死物质。有的阴茎无法收回，表面有黑色坏死结节。雏鹅肠黏膜出血，个别病雏可见气囊混浊，心包膜增厚，心包液增多。

【诊断】根据产蛋季节流行，主要侵害产蛋母鹅，卵巢、输卵管和腹腔特征性的病变，即可做出诊断。确诊需进行病苗培养鉴定，进一步需进行生化及血清学鉴定。

①分离培养。用无菌操作取病料直接在麦糠凯琼脂平皿或在

伊红-美蓝琼脂平皿划线培养，放置37℃温箱培养24小时。大肠杆菌在麦糠凯琼脂平皿上生成亮红色菌落，并向培养基内凹陷生长，菌落较大，表面光滑，边缘整齐。在伊红-美蓝琼脂平皿上大多数呈特征性的黑色金属闪光的较大菌落。每个病例可从分离平皿挑选3～5个疑似菌落，分别接种于普通斜面供鉴定之用。

②生化鉴定。将疑似为大肠杆菌纯培养物做生化反应，能够迅速分解葡萄糖和甘露醇，产酸，一般在24小时内分解阿拉伯糖、木胶糖、鼠李糖、麦芽糖、乳糖；不分解侧金盏花醇和肌醇；能产生靛基质，不产生尿素酶，不产生硫化氢。凡符合上述生化反应的，就可确定为埃希氏菌属成员。

③动物接种试验。取分离菌液口服或腹腔注射易感雏鹅，若鹅表现出与自然病例相同的症状及病理变化，又从病死鹅中分离到大肠杆菌即可确诊。

【鉴别诊断】本病与禽流感的鉴别：禽流感各种年龄鹅均可发生，有很高的发病率和死亡率，产蛋鹅发生禽流感时在数天内能引起大批鹅发病死亡，同时整个鹅群停止产蛋，这与鹅大肠杆菌性生殖器官病在流行病学方面有很大的不同，此为鉴别之一；禽流感对卵巢破坏很严重，大卵泡破裂、变形，卵泡膜有出血斑块，病程较长的呈紫葡萄样，而鹅大肠杆菌性生殖器官病，大卵泡破裂、变形，卵泡膜充血，一般无出血斑块，无紫葡萄样，内脏器官也无出血，而以腹膜炎为特征，此为鉴别之二；将病料接种于麦康凯培养基，禽流感为阴性，但接种鸡胚能引起死亡，绒尿液具有血凝性，并能被特异抗血清所抑制，此为鉴别之三。

【防治措施】

①预防措施。本病的预防措施主要是搞好环境卫生，鹅舍通风良好，密度适当，排除各种应激因素，选样优良的消毒剂，如百毒杀、过氧乙酸、菌毒王等及时进行消毒，以减少空气中的大肠杆菌含量。平时搞好场地卫生，经常清除粪便，更换垫料，并可用1：300抗毒威或1：800百毒杀定期消毒，有疫情时应用

2％烧碱对场地消毒，每天 1 次，连用 7 天，以彻底消灭病原。对放养鹅的鱼塘或专用塘水、河流，也应定期进行饮水消毒；有疫情时，除加强消毒外，还应对污染的鱼塘或水源要求更换新水并再消毒，把水中的致病菌降低到最低限度。对饲养条件差、饲料单一的鹅群，在阴雨天或其他应激条件下，应在饲料中添加抗生素进行预防，同时添加蛋白质及多维素增强抵抗力。公鹅在本病的传播中起重要作用，因此，在配种前，应对公鹅逐只检查，凡种公鹅外生殖器上有病变的，一律淘汰。

②免疫接种。对一些治疗效果差复发率高的养鹅区最好用鹅大肠杆菌的灭活油乳苗（每羽 0.5～1 毫升）进行预防接种，注射后鹅会有轻微的反应，但是很快恢复。在发病鹅群注射灭活苗，1 周后即无新的病例出现，能有效地控制疫病的流行。由于大肠杆菌的血清型很多，各型间又无交叉免疫力，为确实免疫效果可用本场分离的菌株制成灭活菌苗，在母鹅产蛋前 15 天，每羽肌内注射 1 毫升，并用其产的蛋留种。

③药物治疗。发现病鹅应立即隔离，并对其进行药物治疗。

A. 可注射卡那霉素，每天 2 次，连续 3 天。对大群鹅可用 0.005％（即 10 千克料中加药 0.5 克）环丙沙星混料投服，菌克星每瓶加水 25 千克或一服灵每瓶加水 50 千克饮服，连用 3～5 天；或用卡那霉素注射，每千克体重 30～40 毫克；0.005％～0.01％诺氟沙星拌料喂服 3～5 天，疗效显著。每只 5 万～10 万单位肌内注射链霉素，每天 2 次，连用 2～3 天；每千克体重按 3000 单位胸部肌内注射庆大霉素，每天 3 次，连用 2 天；按每千克体重喂 30 毫克复方敌菌净，或按 0.03％比例混入饲料中喂服，连用 3～4 天，均可取得良好效果。但大肠杆菌易产生耐药性，为提高治疗效果，应请有关部门从本场分离大肠杆菌，并对其做药敏试验，根据结果，选择敏感药物治疗。也可用中药治疗，减少耐药性。

B. 中药治疗。

方一：石膏 120 克、水牛角 60 克、知母、生地、金银花、栀子、连翘各 30 克，玄参、黄芩、大黄、桔梗、竹叶、赤芍各 25 克，丹皮、黄连、钩藤、石菖蒲、枳壳、瓜蒌各 20 克，甘草 15 克，水煎取汁，供 500 只患病雏鹅上午饮水用，每天 1 剂，连用 7 天；治疗一周后，除个别病情严重的死亡外，绝大多数患病雏鹅逐渐康复，一周后鹅群恢复正常。

方二：黄连 40 克，栀子 60 克，白芍 65 克，连翘 70 克，黄芩 75 克，黄柏 75 克，金银花 80 克，地榆 85 克，白头翁 110 克，加水 5000 毫升，煮沸后再用文火煮半小时，滤取药液，给 200 只鹅平分灌服，1 日 2 次，每服药煎 2 次，连用 3～4 天，效果好。

C. 辅助疗法。在饲料中添加铁、铜及多种维生素粉。眼睛有症状的选用 0.5％硼酸溶液清洗后再用青霉素溶液滴眼。

（2）鹅霍乱。又称鹅巴氏杆菌病或鹅出血性败血病，简称鹅出败，也有叫"摇头瘟"的，是由禽多杀性巴氏杆菌引起的鹅的一种急性、败血性、接触性传染病，是鸡、鸭和鹅共患的一种致死性疫病。该病的特征是，急性型病例呈败血症和剧烈腹泻，慢性型病例常见关节发生炎性肿胀，病鹅出现跛行。本病的发病率和死亡率都很高。本病一年四季都有发生，但以冷热交替、气候突变、闷热、多雨的季节发生较多。长途运输、饲养密度过大、营养不良等都可促进本病的发生。幼龄鹅发病较少，成年鹅发病较多。

【病原】该病的病原是禽型多杀性巴氏杆菌，为需氧及兼性厌氧菌，菌体呈卵圆形或短杆状，革兰氏阴性，经美蓝、姬姆萨、瑞特氏染色后菌体呈两极着色，不形成芽孢。该菌经人工培养后两极着色特性消失，于普通培养基上可以生长，但不良好，在富含血清或鲜血的琼脂上生长成露珠状菌落。该菌分解糖类，产酸不产气，不凝固牛乳，不液化明胶，最适生长温度为 31℃，pH 为 7.2～7.4。本菌对物理因素和化学因素的抵抗力不强，在干燥的空气中 2～3 天死亡，60℃加热 10 分钟死亡，本菌易自溶，在无菌蒸馏水中或生理盐水中迅速死亡，常用的消毒药物很快杀死，3%的石炭酸、0.1%的升汞溶液 1 分钟可杀死，10%的石灰乳及常用的福尔马林 3～4 分钟内可杀死。

【流行特点】巴氏杆菌是一种条件性致病菌，正常鹅的消化道或呼吸道中存在着巴氏杆菌，由于机体的抵抗力强，鹅并不发病。但当外界条件改变，如突然的冷、热、大风大雨等，或由于饲养管理不当，饲料的突然改变，营养不良等，都可使机体的抵抗力降低而发病。

病原分布十分广泛。病畜、带菌畜禽是本病的主要传染源，病鹅的排泄物、分泌物中含有大量病原菌，可以通过污染周围环境、场地、用具、饲料饮水和带菌动物等通过呼吸道和消化道传染。其他动物如人、麻雀、犬、猫等都能机械传播，有些昆虫如苍蝇、螨等也能传播。此外，该病原可以黏附于尘埃而通过空气进行传染。感染途径是呼吸道和消化道。易感动物通过摄食、饮水或吸入粉末、尘埃，直接或间接地感染。皮肤、伤口也是传染途径。各种动物、人和各种年龄的鹅均能感染。本病的发生一般无明显的季节性，但以冷热交替、气候变换、闷热、潮湿、多雨的季节发生较多，长途运输、饲养过于密集、营养不良及寄生虫侵袭均可引起该病的发生。发生该病时一般为散发，有时呈地方性流行。鹅以秋季 9～11 月流行较重，幼鹅和青年鹅最敏感，在性成熟后开始产蛋时亦较易感染。成年鹅多呈散发性，中鹅呈地方性流行，种鹅常见于夏季产蛋期流行本病。

【临床症状】根据鹅的抵抗力及病原毒力的强弱而使之流行时所表现出的症状不一致，按病程经过和病理变化，本病可分为最急性型、急性型、慢性型三种类型。潜伏期为 2～7 天。

①最急性型。常发生在本病暴发初期。鹅群中出现病因不明的突然死亡病例，死前不显任何症状，病程很短，一般头天晚上一切正常，第二天早晨便发现死亡。

②急性型。常在最急性型病例出现1～3天后陆续发生。病鹅闭眼呆立，精神委顿，独处一隅，不喜活动，羽毛蓬乱，不愿下水，食欲废绝，渴欲增加，食道膨大部积食胀大，倒提病鹅时，其口中常流出黏稠带泡沫的酸臭液体；呼吸加快、气喘，频频摆头、甩头，腹泻，排出灰白色、灰黄色或黄绿色的稀便，有的便中混有血液，腥臭难闻。体温43～44℃，病鹅先兴奋不安，曲颈于背，经2～3天痉挛而死，死亡率50%～80%。

③慢性型。此型病鹅多出现在本病流行的后期。病鹅持续性腹泻、消瘦、贫血，有的病鹅关节发生化脓性肿胀，行走困难而呈现跛行。切开肿胀部，可见有干酪样脓汁。此类型病鹅死亡率低，但对生长、增重、产蛋率有较大影响。

另外，不同年龄表现不一。

①种鹅。最急性型病鹅常无明显临床症状，突发死亡，多发生在流行初期。病鹅开始时精神委顿，蹲伏地面，不愿走动，将头插入翅膀下做睡眠状，尾翅下垂，被毛松乱，不吃食，能喝水。当人走近时，病鹅则惊起徐徐避开，发出低哑鸣叫；排白色粉浆样稀粪，也有排带铜绿色或棕褐色、发亮的稀粪，并散发恶臭腥味，泄殖腔附近羽毛常被稀粪玷污结块。鼻翼枯涩发赤，偶发口、鼻流血，呼吸急迫而感困难。触诊嗉囊松软、空虚，把病鹅倒提时，口腔中流出带有泡沫的黏液。病程多为1～3日。

②幼鹅的发病和死亡率较成年鹅严重，常以急性为主，其表现为精神委顿，羽毛松乱，闭口嗜睡，常缩颈蹲伏于地，食欲废绝、腹泻、喉头有黏稠的分泌物。蹼和趾发紫，翻开眼结膜有出血斑点，病程1～2天即归于死亡。

【剖检】

①最急性型。常无明显病变。

②急性型。主要病变是出血性败血性变化，全身黏膜、浆膜、心包膜、冠状沟和心脏都有小点状出血，皮肤呈紫红色，肠道充血、出血，尤其十二指肠呈现卡他性出血性肠炎，肠内容物

中含有血液；肝脏肿大，色泽变淡，质地稍硬变脆，表面有大量针尖状出血点和坏死灶，这是禽霍乱的一个特征性病变。脾稍肿大，质地柔软。肺充血，表面有出血点。有的死鹅腹腔内有纤维凝块，卵巢表面尤为多见。

③慢性型。侵害呼吸系统的病例，其鼻腔、鼻窦呈卡他性炎症。呈现关节炎的病例，关节肿胀，关节囊壁增厚，关节腔内有暗红色混浊而黏稠的液体，有的有干酪样物。肝脏一般有脂肪变性或有坏死灶。

【诊断】根据流行病学症状、病变真可做出初步诊断。确诊可采取心血涂片或用内脏的器官组织触片，用美蓝染色或用革兰染色后镜检观察细菌的形态。取病鹅的肝、脾、心做血抹片，染色后镜检，如见到两极染色的小杆菌即是巴氏杆菌。无菌操作从病鹅心血、肝、脾上取病料，进行细菌分离，接种在血清血红素琼脂培养基上，菌落呈蓝绿色边缘、橘红色荧光。无菌操作采取病鹅的肝、脾，制成混悬液，取 0.5～10 毫升，在小白鼠皮下或腹腔内接种，小白鼠常在 1～2 天死亡，其心血或肝中也分离出巴氏杆菌，即可证实此病。

【鉴别诊断】

①与鹅流感的区别。鹅霍乱的肝脏有散在性或弥漫性针头大小的坏死灶等特征性病变；而鹅流感的肝脏出血、无坏死灶。

②与小鹅瘟的区别。鹅霍乱青年鹅、成年鹅比雏鹅更易感，病鹅张口呼吸、摇头、瘫痪，剧烈下绿色或白色稀粪，肝脏肿大，表面见有许多灰白色、针头大小的坏死灶，心外膜特别是心冠脂肪组织有出血点或出血斑，心包积液，十二指肠黏膜严重出血等，而小鹅瘟主要侵害 4～20 日龄的雏鹅，病鹅以精神委顿、食欲废绝和严重下痢为特征性临诊症状，有渗出性肠炎，小肠黏膜表层大片坏死脱落，与渗出物凝成伪膜状，形成栓子状物堵塞于小肠后段的狭窄处肠腔。

【防治措施】预防本病应加强科学饲养管理，搞好环境卫生，保持鹅舍的干燥通风；并要对鹅进行足够的锻炼，提高鹅的体质；在饲养中还要定期投服药物进行预防。

①加强科学饲养管理以杜绝传染源和切断传播途径。该病原菌对一般消毒药物都敏感，在自然干燥环境中或酸性环境中很快死亡。故疫区应在该病流行之前彻底消毒，保持鹅的场所干燥、干净、通风、光线充足。同时要定期检疫，早发现的病鹅要及时隔离，以防止传染。一旦发生本病，应立即隔离消毒，对未发病的鹅要用药物预防或紧急接种疫苗。场地、圈舍的消毒药物可用1％的漂白粉、10％的新鲜石灰乳或3％石炭酸、1％的氢氧化钠。

②疫苗接种。A. 饮水免疫。禽霍乱活菌苗是专供水禽口服免疫的。在免疫前后3天，均不能使用治疗禽霍乱的药物。待免疫的鹅必须在服苗前停湿料4～6小时。第1次服苗后4～5天，再服苗1次，一般在第2次服苗后3天便能产生免疫力，免疫期可达8个月。B. 注射免疫。主要是禽霍乱弱毒疫苗，用于预防3月龄以上的鹅，每羽接种1×10^8个活菌。每瓶CV系禽霍乱弱毒冻干苗，用氢氢化铝稀释剂100毫升溶解稀释，每只成鹅在皮下注射0.5毫升，间隔2周再进行第2次免疫接种，弱毒苗只能在非疫区作预防注射，一般注射7天后开始产生抗体，免疫期约3个月。如用灭活菌苗，每只成年鹅2毫升，在胸部肌内注射，注射后3～5天即有免疫力，免疫期3个月。一般来说，注射疫苗后，鹅均有反应，如食欲减退，对产蛋有一定影响。病、弱鹅不宜接种。接种禽霍乱油乳剂疫苗或禽霍乱蜂胶疫苗时，必须停止使用抗生素和磺胺类药物，以免降低免疫效果。

③药物防治。每只成年鹅肌内注射青霉素5万～8万单位，每天2～3次，连用4～5天。每只成年鹅肌内注射链霉素10万单位，每天2次，连用2～3天。在每千克饲料中加入土霉素2克，拌匀饲喂，连用3天。磺胺二甲基嘧啶20％钠盐注射液，每千克体重肌内注射0.5毫升，每天2次，连用3～5天。长效

磺胺每千克体重 0.2～0.3 克口服，每天 1 次，连服 5 天；或在饲料中添加该药 0.4%～0.5%，每天 1 次，连续 5 天。复方敌菌净按 0.02%～0.05% 的比例拌在饲料中食服，连用 1 周。抗禽霍乱高免血清：每只皮下注射 2～10 毫升，连用 2 天，早期治疗有效。用喹乙醇预防时，每 100 千克饲料中拌 3～5 克，连续喂数天；用于治疗时，每千克体重 20～30 毫克，一次口服。

④治疗。该病合理的治疗方法是，先用大剂量的抗生素肌内注射 1～2 次，同时在饲料中投饲磺胺药，继续治疗 3～5 天。必要时，磺胺药的首次量可加倍。治疗用药必须持续 1 个疗程，即停止发病死亡后不能立即停药。常用的治疗药物有喹诺酮类如环丙沙星、诺氟沙星、恩诺沙星等和磺胺类，最好是在进行药敏试验后使用。

A. 磺胺类药物。磺胺嘧啶、磺胺二甲嘧啶、磺胺异噁唑，按 0.4%～0.5% 的比例混于饲料中喂服，或用钠盐配成 0.1%～0.2% 水溶液饮服，连喂 3～5 天。磺胺二甲氧嘧啶、磺胺喹噁唑，按 0.05%～0.1% 混于饲料中喂服。

B. 抗生素。成年鹅每只肌内注射 10 万单位青霉素或链霉素，每日 2 次，连用 3～4 天。用青、链霉素同时治疗，效果更佳。土霉素按每千克体重 40 毫克给病鹅内服或肌内注射，每天 2～3 次，连用 1～2 天。大群治疗时，用土霉素按 0.05%～0.1% 的比例混于饲料或饮水中，连用 3～4 天。

⑤中药治疗

方一：穿心莲，成年鹅每只每次口服 10～15 片鲜叶，或用穿心莲干粉煮水混入饲料中喂服。

方二：自然铜 31 克捣碎先煎 30 分钟后再加入藿香 62.5 克、苍术 62.5 克、厚朴 31 克、白芷 46.8 克、乌梅 46.8 克、大黄 31 克，加水 1 千克煎 1 小时，药液可供 80～100 只鹅服用。

⑥辅助疗法。对于病程较长、体质较弱的种鹅，必要时在使用药物的同时，适当地补充葡萄糖生理盐水、维生素 C 等药物，

进行静脉或肌内注射，能提高治愈率。

（3）鹅副伤寒。鹅副伤寒是由沙门菌属中多种沙门菌引起鹅的一种常见、多发传染病，多发病于雏鹅，常由于饲养管理不当而导致。临床上，以下痢、跛行和神经症状为主要特征。在世界各养鹅地区均有本病发生，也遍布我国各养鹅场。本病的发病率和死亡率都很高，常使雏鹅损失重大，生长发育受阻，从而增加了对其他疾病的易感性。

【病原】本病的病原是沙门菌属（除白痢和伤寒外）细菌，其种类很多，常见的有 7～9 种。本菌为革兰阴性的小杆菌，无荚膜，不形成芽孢，具有鞭毛，能活泼运动，不能分解乳糖。本菌对热及消毒药的抵抗力很弱，在 60℃ 条件下，5 分钟即死亡。在 -20℃ 时，可生存 13 个月。石炭酸和甲醛溶液对本菌有较强的杀伤力。本菌在土壤、粪便和水中能生存很长时间，在室温下鹅舍中可存活 7 个月，在鹅粪中能存活 6 个月；在土壤中可生存280 天以上，在池塘中能存活 119 天，在普通饮水中可生存 3 个半月；在清洁的蛋壳上生存期较短，而在污秽蛋壳上则较长，增加湿度可延长其存活时间。

【流行特点】本菌为条件性的病原菌，在清洁的饮水、饲料、甚至在健康鹅的消化道或呼吸道中都存在。当机体抵抗力降低、环境诱因变大、其他疾病并发时，会造成发病或流行。不同种类的家禽（鹅、鸡、鸭、鸽、鹌鹑）和野禽（野鸡、野鸭等）及哺乳动物均可发生感染，并能互相传染，也可传染给人类，是一种重要的人畜共患病。

本病在自然条件下，主要侵害雏鹅，尤以 3 周龄以下的鹅易发生败血症而死亡，死亡率达 20%～30%。雏鹅患病呈急性或亚急性，成年鹅则呈慢性或隐性感染。本病的传染源主要是患病和病愈带菌并排菌的禽只。成年鹅多呈慢性型、隐性型或呈病愈后带菌者，成为最危害的传染源。带菌鹅所产的蛋，由于被沙门氏菌污染，孵化时胚胎多数死亡，少数未死亡的，出壳后发病并排出病菌，污染外界环境，并传播。被污染的饲料、饮水和蛋壳为主要传染媒介，可通过消化道等途径经水平传播，也可通过蛋而垂直感染，带菌鹅所产的种蛋，孵化时可使胚胎死亡或雏鹅出壳十几小时后发病，4～14 日龄出现死亡高峰。各种年龄段的鹅群均可感染、发病，但以 2～3 周龄雏鹅最为易感。

【临床症状】急性者多见于幼鹅，慢性者多见于成年鹅。潜伏期一般为 12～18 小时，有时稍长。急性病例常在孵出后数天内发病，往往不见症状就此亡。这种情况多是由卵内传递或雏鹅在孵化器内接触病菌感染。雏鹅 1～3 周易感性高，表现为精神不振，食欲减退或消失，口渴，喘气，呆立，头下垂，眼闭，眼睑浮肿，两翅下垂，排粥状或水样稀粪，当肛门四周粪污干涸后，则阻塞肛门，排便困难，结膜发炎，出现鼻流浆液性分泌物。羽毛蓬乱，关节肿胀疼痛，跛行。

【剖检】急性病例中往往无明显的病理变化，病程较长时，肝肿大、充血，呈古铜色，表面被纤维素渗出物覆盖，肝实质有黄白色针尖大的坏死灶。肠道有出血性炎症，其中以十二指肠较为严重，滤泡肿大。脾脏肿大，伴有出血条纹或小点坏死灶。胆囊肿胀并充满大量胆汁，心包内积有浆液性纤维素渗出物，盲肠内有干酪样物质形成栓塞。在慢性病例中，表现为腹腔积水，输卵管炎及卵巢炎。

【诊断】本病缺乏特征性的病状与病变，诊断较难。根据流行病学、临床症状和病理变化，多可做出初诊；但慢性型患者的生前诊断，目前尚缺可靠定性法。确诊必须进行实验室检查，分离并鉴定它的病原菌。急性病例可从血液或实质器官中采取病料，慢性病例则可从胆囊、卵巢、蛋黄中采取病料。只有分离到沙门氏菌才能确定诊断。

【鉴别诊断】与小鹅瘟的区别：鹅副伤寒多发生于 1～3 周龄的雏鹅，常呈败血症突然死亡，可造成大批死亡。病鹅下痢，肝肿大呈古铜色，并有条纹状或针头状出血和灰白色的小坏死灶等病变特征，但无小鹅瘟感染时的肠道栓子。

【防治措施】由于本病是经多种途径传播的，因此要做好综合预防。幼鹅必须与成年鹅分开饲养，防止间接或直接的接触。

①防止蛋壳污染。病母鹅所产的蛋不能留做种用。应在鹅舍干燥清洁的位置设立足够数量的产蛋槽，槽内勤垫干草，以保证蛋的清洁，防止粪便污染。勤捡蛋，保持种蛋的清洁干净。对那些产在运动场、河岸或河内的蛋严禁入孵，因大多已被细菌污染，在孵化过程中可能发生破裂而污染整个孵化器。搜集的蛋应及时入蛋库或蛋室，并用福尔马林（甲醛）进行熏蒸消毒。蛋库内温度为 12℃，相对湿度为 75%。孵化器的消毒应在出雏后或入孵前（全进全出）进行；采用循环入孵（即每周入一批蛋）者，应于入孵后 12 小时内进行福尔马林熏蒸消毒，严禁入孵后 24～96 小时内进行消毒，因此时该鹅胚对甲醛甚为敏感。原在孵化器内的已入孵的蛋可能多次受到福尔马林熏蒸消毒，不过没有害处：每立方米容积用 15 克高锰酸钾，30 毫升福尔马林（含甲醛 36%～40%），消毒 20 分钟后，开门或开一通气孔通风换气。孵化器和孵化室要制定相应的消毒制度，闲人免进，做到室内无病毒、无细菌。

②防止雏鹅感染。接运雏鹅用的木箱或接雏盘于使用前或使用后进行消毒，防止污染；接雏后应尽早供给饮水或饲料，并可在饲料内加入适当的抗菌药物，其用量、用法是每千克饲料加入土霉素 0.2～0.4 克，连用 5 天。这也是防止发生细菌感染的有效措施。鼠类是本病的带菌者或传播者，它可以污染饲料和鹅舍，成为传染源，因此平时要灭鼠。加强雏鹅阶段的饲养管理，育雏舍内要铺置干燥、清洁的褥草，要有足够数量的饮水器和料槽。第 1 周龄舍内温度需保持 28～30℃，以后每增加 1 周龄舍温下降 2℃。雏鹅不要与种鹅或育肥鹅同栏饲养。冬季注意防寒保暖，夏季要避免舍内进入雨水，防止地面潮湿。

③治疗。在治疗之前进行细菌分离和药敏试验，选择最有效

的药物进行治疗。常用的药物有以下几种：磺胺甲基嘧啶和磺胺二甲基嘧啶，将两者均匀混在饲料中饲喂，用量为 0.2%～0.4%，连用 3 天，再减半量用 1 周。0.05%～0.1%磺胺喹恶啉连用 2～3 天后，停药 2 天，再减半量用 2～3 天，也有较好的效果。土霉素、金霉素和四环素等混入饲料中，用量为 0.02%～0.04%，可连用 2 周。链霉素或卡那霉素，肌内注射，每只每日2.5 毫升，连用 4～5 天。磺胺甲基嘧啶与复方新诺明，按 0.3%均匀拌料饲喂连用 7 天。

④中药治疗。日粮中各添加 3%的白头翁、黄连、黄柏、秦皮，添加前研成粉末，或者用 20%的大蒜汁灌喂。

由于沙门菌可以从种蛋传染给下一代，所以对于种鹅必须要求健康无病。消除净化此病的有效方法是及时检出并淘汰病鹅，定期严格消毒鹅舍和用具。在本病常发生地区可用副伤寒灭活菌苗进行免疫接种，母鹅在产蛋前 1 个月做 2 次预防注射，间隔8～10 天，可使母源抗体传递给病鹅。在治疗本病时应注意，沙门菌易产生耐药性，所以投服药时应交替使用，并及时更换。

（4）鹅葡萄球菌病。又叫传染性关节炎，一般呈散发性、慢性感染为主，临床上以鹅关节肿胀、行走障碍为主要特征。

【病原】病原是金黄色葡萄球菌。菌体为圆形，常连在一起形成葡萄串状，革兰染色呈阳性反应。一般培养基均可生长。

本菌为圆形或卵圆形的球菌，普通肉汤培养物呈葡萄串状，革兰氏阳性，无鞭毛、无芽孢、无荚膜。当衰老、死亡或被白细胞吞噬后常为阴性，对青霉素具有抗药性的菌株亦可为革兰氏阴性。该菌为需氧及兼性厌氧菌，最适生长温度为 37℃，pH 为7.4。营养要求不高，普通培养基上生长良好，能产生脂溶性的色素。

金黄色葡萄球菌的抵抗力较强，在干燥的脓汁或血液中可生存数月，80℃30 分钟才能杀死，煮沸可迅速杀灭，一般消毒药物中石炭酸的消毒效果较好，3%～5%石炭酸 3～15 分钟内可杀死菌体。70％乙醇在数分钟内杀死本菌。金黄色葡萄球菌对磺胺类、青霉素、金霉素、土霉素、红霉素、新生霉素等抗生素敏感，但对多黏菌素及多烯族抗生素有抵抗力。

【流行特点】金黄色葡萄球菌广泛存在于自然界中，在土壤、空气、尘埃、水、饲料、地面、粪便、污水及物体表面均有本菌的存在，在禽的皮肤、羽毛、肠道均有存在。本病一年四季均可发生，尤以天气闷热的雨季、空气潮湿季节发病较多，流行形式主要呈散发型。发病原因主要是由于不良的卫生环境、不科学的饲养管理方法、外伤等引起。当饲养管理不当，鹅体表皮肤破损，抵抗力下降时，可通过伤口和消化道感染；鹅群过密、拥挤，鹅舍通风不良，空气污浊，饲料单一，缺乏维生素和矿物质等，均可促使本病发生和增大死亡率。另外，种鹅舍垫草潮湿，粪便污染，可导致蛋壳的污染，病菌可侵入蛋内，造成孵化中死亡或成为带菌者。

病禽以及该病原菌污染的环境、用具等是主要的传染源。各年龄的鹅均易感染，其中幼鹅在长毛期最容易感染，其他家禽也可感染。鹅对该菌的易感性与体表或黏膜有无创伤、机体的抵抗力及病原菌污染的程度和鹅所处的环境有关。传染途径主要是经伤口感染侵入鹅体，也可通过口腔和皮肤感染，细菌随血液可移行至全身，并引起关节炎症。另外，若孵化室环境不卫生，种蛋没有彻底消毒，外壳污秽，易使葡萄球菌通过蛋壳的孔隙进入蛋内，使胚胎感染，这样在小鹅孵出时由脐带感染，常因脐炎和发生葡萄球菌性的败血症而造成大批死亡。

【临床症状】急性病例常精神沉郁，食欲不振，一般病程为2～6天，常发生败血症死亡。慢性病鹅常在跗、趾、肘关节处表现发炎肿胀，患鹅常行走困难，伏地不愿行动，因久卧可见胸部龙骨上发生浆液性滑膜炎。慢性病例病程可达2～3周，最后常见患鹅极度消瘦衰竭死亡。

鹅感染葡萄球菌后，因鹅日龄、抵抗力等的差异，临床上可出现不同的疾病类型，病程上也有急、慢性之分。根据感染葡萄球菌的程度和部位常分为以下几种症状：

败血症型：雏鹅、幼鹅均可发生。病鹅表现精神委顿，两翅下垂，缩颈，嗜睡，嗉囊积食，食欲减退或不食，下痢，粪便呈灰绿色。典型症状为胸腹及大腿内侧皮下浮肿，滞留有数量不等的血样渗出液，外观呈紫黑色，手摸有波动感，有的自然破溃流出茶色或紫红色液体，污染周围羽毛。部分病禽的翅、尾、头、背及大腿等不同部位发生出血和炎性坏死，后干燥结痂，呈暗紫色。病程长的可转化为关节炎型。

关节炎型：常见于中龄鹅或种鹅，由于皮肤、腱及韧带的损伤而被葡萄球菌感染。病鹅初期局部发热、发软、疼痛，站立时频频抬脚，驱赶时表现跛行或跳跃式步行，不愿行走，卧地不起，跖、趾关节炎性肿胀，附近的肌腱、腱鞘也发生炎性肿胀，久之肿胀处发硬，有的破溃成黑色结痂。有时在胸部或龙骨上发生浆液性滑膜炎。由于行走采食困难而逐渐消瘦，最后衰竭死亡。

脐炎型：多见于雏鹅，尤其是 1～3 日龄的雏鹅。由于葡萄球菌感染雏鹅脐部而发病，病雏临床表现怕冷，眼半闭，翅开张，腹部膨大，脐部肿胀坏死，脐孔肿大外翻，有黄红色或暗红色恶臭液体流出，以后变为脓性干酪样物，局部呈紫黑色或黄红色，触摸硬实，俗称"大肚脐"，病雏一般 2～5 日内死亡。

【剖检】患败血症而死亡的病鹅可见皮肤、黏膜、浆膜发生水肿、充血和出血。慢性病例关节软骨上常出现糜烂及干酪样物质覆盖，腿部肌肉萎缩。

败血症：全身肌肉皮肤、黏膜、浆膜发生水肿、充血、出血，肾脏肿大，输尿管充满尿酸盐。关节内有浆液或干酪样渗出物。腱鞘和滑膜水肿、增厚。内有多量浆液性或浆液性纤维素渗出物，龙骨部及翅下、四肢关节周围的皮下呈浆液性浸润或皮肤坏死，甚至化脓、破溃，实质器官充血、肿大，同时有卡他性肠炎。

关节炎：急性病例可见关节、关节囊、足趾滑液囊和腱鞘等处呈现有浆液性或黏液纤维素性炎性渗出物，呈黄红色或黄色胶冻样，滑膜增厚。病程稍长的，关节可有化脓或干酪样坏死表现。慢性病例可见关节软骨上出现糜烂和有干酪样物，软骨糜烂，易脱，脱落的骨顶可见粗糙的化脓灶。关节周围的纤维素渗出物发生机化，肌肉萎缩。个别严重的关节结构畸形。

脐炎：卵黄囊肿大，卵黄呈绿色或褐色。蛋黄吸收不全。腹膜炎，腹腔内器官染成灰黄色。脐口局部皮下有胶样浸润。

【诊断】急性病例一般不易诊断，慢性病例也只能做疑似诊断。确诊需从心、肝、脾等脏器采取病料，慢性病例可以从肿胀的关节取关节腔内的液体，进行涂片染色。发现葡萄球菌或自病料中分离到金黄色葡萄球菌即可确诊。

【防治措施】由于该病原菌广泛存在于自然界中，因此，预防本病主要是做好平时的预防工作。一是要清除产生外伤的因素，保持笼、网等的光滑平整，运动场要平整，清除铁丝、破玻璃等杂物，种公鹅应断爪，防止抓伤母鹅。发现外伤及时处理；二是要搞好环境卫生，注意搞好孵化室、种蛋及各种用具的清洁卫生工作，及时更换垫料，坚持定期消毒，加强饲养管理，防止拥挤，注意通风等；三是一旦发现该病要及时隔离治疗或淘汰，对大群投药治疗或预防，刚出生的雏鹅应投服抗菌药物预防，如用氨苄青霉素饮水，用量为1克药物加水2千克，连用3天；用土霉素按0.1%的比例拌料，连用3~5天。

预防幼雏发生脐炎，必须从种鹅群产蛋环境着手，保持蛋的清洁，减少粪便污染。应设产蛋箱，保持垫草干燥。孵化过程中注意孵化器的洗涤与消毒。对新生雏注意保温，防止挤压，保证饮水清洁。

治疗：各种抗生素对本病都有较好的疗效。但由于抗药性的菌株较多，在临床上用药要经常交替使用。常用药物及使用方法如下：青霉素，每只雏鹅 1 万单位，中鹅 3 万～5 万单位，肌内注射，每天 3 次；磺胺间甲氧嘧啶，用 0.4%～0.5% 比例拌料饲喂，或 0.1%～0.2% 比例溶水中饮服，连用 3 天；也可用土霉素类，或喹诺酮类饮水。

对病鹅局部损伤的感染，可用碘酊棉擦洗病变部位，以加速局部愈合吸收。

（5）鹅链球菌病　鹅链球菌病又称"睡眠病"，是小鹅的一种急性败血性传染病。雏鹅与成年鹅均可感染。

【病原】本病的病原是链球菌属的兽疫球菌，为革兰阳性球菌，兼性厌氧，不形成芽孢，不能运动。呈单个、成对或短链存在。本病菌在自然界分布广泛，在 4℃ 可保存几个月，在血液中 −70℃ 可存活 1～2 年，冻干可存活 20 年。

【流行特点】本病主要传染源是病鹅和带菌鹅。各种日龄的鹅均可感染发病，但主要是雏鹅。本病传播途径主要是呼吸道及皮肤创伤，受污染的饲料和饮水可间接传播本病，蜱也是传播者。中雏或成年鹅可经皮肤创伤感染；新生雏经脐带感染，或蛋壳受污染后感染鹅胚，孵化后成为带菌鹅。本病无明显季节性，当外界条件变化及鹅舍地面潮湿、空气污浊、卫生条件较差时，鹅体抵抗力下降者均易发病。

【临床症状】日龄不同，临床表现不一。雏鹅病程长短不一，症状存在差异。急性败血症病鹅表现精神不振，黏膜发绀，腹泻，行走不稳；死前常有神经性痉挛或麻痹症状。通常发病后 12～24 小时死亡。慢性型病鹅常见关节炎，足底皮肤坏死，羽翅坏死，腹部膨大，脐带肿胀。产蛋母鹅主要表现产蛋率下降，还可能停产。

【剖检】多为急性败血症的特点。实质器官出血较严重，肝、脾肿大，表面可见局灶性密集的小出血点或出血斑，质地柔软。心包腔内有淡黄色液体即心包炎，心冠脂肪、心内膜和心外膜有小出血点；肾脏肿大、出血，肠道呈卡他性肠炎变化。幼鹅卵黄吸收不全，脐发炎。成年鹅还有腹膜炎病变。

【诊断】根据本病的流行特点、临床症状和剖检病变可做出初步诊断。确诊须依靠细菌学检查等实验室诊断。

【防治措施】

预防：强饲养管理，注意环境卫生和消毒工作。预防幼雏的脐炎与败血症，应着重防止种蛋的污染，种鹅舍要勤垫干草，保持干燥，勤捡蛋。同时要防止鹅皮肤与脚掌创伤感染。种蛋入孵前可用福尔马林熏蒸，出雏后注意保温。

治疗：鹅场一旦发生了链球菌病，可用青霉素、链霉素、庆大霉素、新生霉素和复方新诺明治疗。如使用复方新诺明，按0.04％的比例均匀拌料饲喂，即每50千克饲料中加入20克复方新诺明，连用3天；新生霉素，按0.0386％比例均匀拌料饲喂，即每50千克饲料中加入20克药，连用3～5天，可有效地抑制鹅死亡。

（6）鹅结核病　鹅结核病主要是由禽型结核分支杆菌引起的一种慢性消耗性传染病。临床上，多以顽固性腹泻、贫血、消瘦和内脏出现大小不一的结核结节为主要特征。本病不仅病死率极高，而且患者失掉治疗价值，必须作淘汰处理，加上本病在近年来有增长的趋势，因此，本病严重威胁养鹅业的发展，对其他动物还构成潜在的危害，故必须高度重视。

【病原】本病的病原是禽结核分支杆菌。本菌菌体为棒状、串珠状，单个排列，偶尔成链，分支，不形成芽孢，无毛，不运动。本菌最大特点是具有抗酸染色性。65℃湿热可于15分钟内杀死，85℃2分钟即可杀死，100℃1分钟即可杀死。它在河水中能存活3～7个月；在土壤和粪便中可存活7～12个月；埋在地下的病禽尸体中的本菌能保持毒力达12个月；在干燥的培养物中和冷藏条件下可保持存活力达3年。

【流行特点】本病主要传染源是病鹅或牛。病鹅肠道的溃疡性结核病变排出大量结核分支杆菌，污染饲料、饮水、土壤、垫草等，被健康鹅采食后，经消化道侵入而感染。另外，吸入带菌的尘埃经呼吸道感染也有可能。人在传播结核菌上也起一定的作用。除此以外，用具、车辆等亦可传播本菌。本病多发于成年鹅与老龄鹅。本病一年四季均可发生，但气候条件及饲养管理状况与本病的发生与否更有密切关系。

【临床症状】本病的潜伏期为 2～12 个月，感染初期看不到任何特征性症状，当疾病发展至一定时期才表现出症状。病鹅表现精神委顿，渐进性消瘦，贫血，喜伏，离群，不愿下水，羽毛松乱，最后极度衰弱而死亡。产蛋鹅产蛋率下降或停产。病鹅所产的蛋受精率与出雏率较低。

【剖检】剖检病鹅可见其主要病变在内脏器官，尤以肝脏多见。肝脏肿大约 1 倍，表面布满粟粒至绿豆大小灰白色不突出的小结节。脾脏上也有上述小结节。心外膜上也有绿豆至黄豆大的结节。总之，肝脏是病鹅最常发生第一期结核病的器官。

【诊断】本病早期依据临床症状不易诊断，因它与巴氏杆菌病等很相似。因此，必须进行结核分支杆菌的分离和鉴定等实验室诊断。

【防治措施】鹅结核病一般没有治疗价值。因此，平时只有杜绝传染源的入侵。当种鹅群发现有结核病时，病鹅必须立即隔离淘汰，烧毁或深埋，不使小鹅群与之接触。对病鹅可能污染过的鹅舍、场地、用具等均应彻底清洗消毒。污染的运动场应铲去一层约 20 厘米厚的表土，让日光充分曝晒，然后撒上一层生石灰，再盖上一层干净的沙土。如果鹅群不断出现结核病鹅，应更新鹅群或淘汰消瘦老鹅。

（7）鹅口疮　本病是由白色念珠菌引起的鹅上消化道霉菌病，典型症状是上部消化道黏膜（口腔、咽、食管和嗉囊）生成白色伪膜和溃疡，所以又称鹅念珠菌病或霉菌性口炎。

【病原】白色念珠菌是半知菌纲念珠菌属的一个种，本菌为类酵母菌，菌体小而椭圆，长 2～4 微米，在病变组织及普通培养基中均产生芽孢和假菌丝。出芽细胞呈卵圆形，似酵母细胞；假菌丝是细胞出芽后发育延长而形成的。革兰氏染色阳性，但着色不均匀。本菌为兼性厌氧菌，适宜在沙堡弱氏琼脂培养基上生长，37℃培养24～48小时，形成乳酪状、湿润、光滑、凸起、边缘整齐、乳白色、带有酵母气味的菌落，其表层多为卵圆形酵母样出芽细胞，深层可见假菌丝。在玉米琼脂培养基上室温培养3～5日，能在白色念珠菌菌丝顶端、侧缘或中间形成厚膜孢子，而同属的热带念珠菌和克柔氏念珠菌不产生厚膜孢子。本菌能发酵葡萄糖，麦芽糖产酸产气，蔗糖产酸，不发酵乳糖，这些生化特性有别于热带念珠菌和克柔氏念珠菌。

【流行特点】此菌广泛存在于自然界，同时常寄居于健康畜禽及人的口腔、上呼吸道和肠道中。它是一种条件致病菌，当机体抵抗力下降，消化道正常菌群失调，维生素缺乏，不良的卫生条件以及过多使用抗菌药物等均可诱发本病。本病主要发生于6周龄以前的幼龄鹅，特别是幼龄狮头鹅，幼鹅的易感性比成年鹅高，发病率和死亡率也高，其他禽类如鸡、火鸡、鸽等也易感。仔猪、牛较少见，人也可感染。实验动物中兔和豚鼠易感性较高，人工感染容易成功。大多数病例由内源性感染引起，在各种原因引起机体抵抗力下降时，诱发本病。病鹅的粪便中含有多量病原体，污染垫料、饲料、饮水等，通过消化道传播；黏膜损伤有利于病菌侵入，同时也可经过蛋壳传播。本病的流行特点是传染迅速，发病率和死亡率高，死亡率可达75%，同时因为存活者瘦小失去继续饲养的价值，因而淘汰率也较高。

【临床症状】病鹅主要表现为精神委顿，羽毛松乱，生长缓慢，嗉囊扩张下垂、松软，逐渐瘦弱死亡。口腔黏膜形成乳白色或黄色的斑点，逐渐融合形成大片白色纤维状伪膜或干酪样伪膜，用力撕开伪膜可见红色溃疡出血面。同时因为伪膜导致吞咽困难，呼吸急促。嗉囊形成干酪样坏死伪膜，表现为嗉囊壁增厚呈灰白色，形成白色、豆粒大结节和溃疡，上面覆盖一层白色或黄色的伪膜。有的在食道、腺胃出现相同的病变。胸腹气囊混浊，常有淡黄色粟粒状结节。

【剖检】常见的病变在食管膨大部，该处有干酪样伪膜，黏膜增厚，形成圆形隆起溃疡，口腔和食管黏膜上的病变常形成黄色、豆渣样的典型鹅口疮。腺胃偶有蔓延黏膜肿胀、出血，表面覆盖着卡他性或坏死性渗出物。

【诊断】根据病鹅上消化道黏膜特殊性增生和溃疡病灶来诊断。确诊需采取病料或渗出物涂片镜检或进行霉菌分离培养和鉴定。

①直接镜检。用病变黏膜直接触片或以棉拭子蘸取病料涂片，用革兰氏染色、镜检，可见革兰氏阳性，圆形或卵圆形酵母样菌和芽生孢子及假菌丝。

②分离培养。无菌采集嗉囊的病变和黏膜及绒状物等病料，也可用灭菌棉拭子自病变黏膜采集材料，将病变或黏膜拭子接种于沙堡弱氏培养基，分别在 25℃和 37℃培养 48～72 小时，每天观察 1 次。有的菌株生长较慢，应观察较长时间。白色念珠菌在此培养基上形成乳酪状，凸起，边缘整齐，乳白色，带有酵母气味的酵母样菌落。将酵母样菌落接种于含吐温 80 0.5%～1%的玉米粉琼脂培养基，25℃培养 24～72 小时，镜检观察厚膜孢子。

【防治措施】平时应加强卫生管理工作，注意鹅舍及运动场、孵化室的清洁卫生，保持通风良好、干燥等，防止垫料等潮湿。合理使用抗菌药物，避免肠道正常菌群失调；加强饲养管理，防止机体抵抗力下降。

发生本病时，应对病鹅进行及时隔离、消毒，查明原因，及时排除引起机体抵抗力下降的各种因素。病鹅可用下列方法治疗：可以涂碘甘油治疗口腔黏膜上溃疡灶。嗉囊中灌入数毫升 2%硼酸溶液消毒，饮水中添加 0.5%硫酸铜，连用 7 天。大群鹅治疗可在每千克饲料中添加制霉菌素 50 万～100 万单位，连喂 1～3 周，能有效地控制本病。

（8）鹅曲霉菌病　曲霉菌病见于多种禽类和哺乳动物，是一种常见的真菌病。各种禽类如鸡、鹌鹑、火鸡、鹅、鸭等均能感染，幼禽常呈急性群发性暴发，发病率和死亡率都高且可造成严重的经济损失，而成年禽则多为散发。发病特点是在组织器官中，尤其是肺及气囊发生炎症和小结节，因此又称曲霉菌性肺炎，在我国南方发生较多。

【病原】一般认为在曲霉菌病属中，烟曲霉菌致病性最强，是鹅的主要病原菌，此外黄曲霉菌、黑曲霉菌、青霉菌等也有不同程度的致病力。这些霉菌和它产生的孢子，在自然界分布较广，常污染饲料、垫料、墙壁、地面，空气中也有可能存在。烟曲霉菌和它的孢子感染后能分泌血液毒、神经毒和组织毒，具有很强的危害作用。霉菌孢子对外界抵抗力很强，120℃、1小时或煮才能杀死。一般消毒药液（如5％甲醛、0.3％过氧乙酸及含氯消毒剂）要1～2小时才能致死。

【流行特点】各种家禽和野生禽类对曲霉菌都具有易感性，在水禽主要是2周龄以下的雏鹅最容易发生感染，常呈急性暴发，死亡率可达50％以上。出壳后的幼鹅进入被烟曲霉污染的育雏室后，48小时开始发病。3～10日龄为流行高峰期，以后逐渐减少，到1月龄时基本停止发病。如饲养管理条件差，流行死亡可延续2月龄。成年鹅较少发生，大多因饲喂霉变饲料引起，常呈慢性经过，死亡率不高。污染的垫草、饲料和发霉的饲料含有大量的曲霉菌孢子，是引起本病流行的主要传染源。在污染环境中，鹅的带菌率很高，迁出污染环境后，带菌率逐步下降，到40天时，霉菌在体内基本消失。病菌主要通过呼吸道和消化道传播感染。本病多发生于温暖潮湿的梅雨季节，也正是霉菌最适宜增殖的季节，饲料、垫草、垫料受潮后，成了霉菌生长繁殖的天然培养基。若雏鹅的垫草、垫料不及时更换，或用保管不善的饲料继续饲喂，一旦吸入霉菌孢子后，就会造成本病的暴发。此外，本病亦可经污染的孵化器传播，幼鹅出雏后一日龄即可患病，出现呼吸道症状。

【临床症状】病鹅急性者可见病禽呈抑制状态，多卧伏，拒食，对外界反应淡漠，通常在出现症状后 2～7 日死亡。慢性者病程稍长可延至数周，病鹅可见精神委顿，眼半闭或全闭，两翅下垂，羽毛松乱，呼吸困难，伸颈张口喘气，食欲减退或废绝，饮欲增加，体温升高，饮水增多，食后头颈左右甩动，常从口腔内流出少量黏性分泌物，细听可闻气管啰音，由于氧气供应不足，冠和肉髯颜色暗红或发紫，常有下痢，闭目昏睡。有的病鹅常有眼炎，眼睑下可能有干酪样凝块。

【剖检】病变为局限性或为全身性，取决于侵入途径和侵入部位。但一般以侵害肺部为主，典型病例均可在肺部发现粟粒大至绿豆大的黄白色或灰白色结节，结节的硬度似橡皮样或软骨样，切开见有层次的结构，中心为干酪样坏死组织，内含大量菌丝体，外层为类似肉芽组织的炎性反应层，并含有巨细胞。除肺外，气管、支气管和气囊也能见到结节，亦可能有肉眼可见的菌丝体，成绒球状。其他器官如胸腔、腹腔、肝、肠有时亦可见到。脑炎性曲霉病，可见一侧或两侧大脑半球坏死，组织软化，呈淡黄或淡棕色。

【诊断】临床无特殊症状，表现为呼吸困难。病理剖检见肺、气管、气囊有霉菌结节性病灶，并伴发肺炎。确诊时需取结节病灶做压片镜检菌丝体和孢子，也可取霉菌结节进行分离培养。

①病原学检查

A. 直接镜检：取病禽病变组织置于载玻片上，加 2% 氢氧化钾溶液 1～2 滴，混匀，加盖玻片后镜检，可见典型的曲霉菌，大量霉菌孢子，并且有多个菌丝形成的菌丝团，分隔的菌丝排列成放射状，直径为 7～10 微米。在病变组织切片中找到本菌，即可以作为诊断的依据。

B. 分离培养鉴定：取病禽肺组织典型标本点播接种于萨布罗琼脂平板培养基上，37℃ 培养 36 小时后，出现肉眼可见中心带有烟绿色、稍凸起、周边呈散射纤毛样无色结构菌落，背面为奶油色，直径约7毫米，有霉味。培养至5天，菌落直径可达20~30毫米，较平坦，背面为奶油色。镜检可见典型霉菌样结构，分生孢子头呈典型致密的柱状排列，顶囊是倒立烧瓶样。菌丝分隔，孢子呈圆形或近圆形，绿色或淡绿色，直径为1.5~2.0微米，有刺。

②动物试验。取3日龄雏鸡4只，以本菌分生孢子生理盐水悬液注入胸气囊0.1毫升/只，经72小时，试验组全部死亡，剖检病变与自然死亡病例相同，并从标本中分离出本菌。对照组4只全部健活，可确诊。

【防治措施】本病的治疗无特效药物，发生中毒时，除停喂发霉饲料外，应进行对症治疗，制霉菌素和抗真菌一号均有一定疗效。不使用发霉的饲料和垫料是预防曲霉菌病的主要措施。垫料要经常翻晒，如垫料已发霉，可用福尔马林熏蒸消毒后再用。选用外观看不到发霉的饲料，在育雏期间饲料蒸煮1小时后喂饲。育雏室应注意通风换气和卫生消毒，保持室内干燥、清洁。长期被烟曲霉污染的育雏室，应彻底清扫，消毒。

治疗：①制霉菌素喂服，每天2次，每只每次10万单位，连用3天，停2天再用3天。全群幼鹅每只按6万~10万单位，拌于饲料内喂服，每日2次，连用3天。②全群鹅自由饮用1：3000的硫酸铜溶液，每日每只约4~6毫升，连服3~5天。但应严防硫酸铜中毒。③对病重鹅除投服上述药物外，还应饮用1%碘化钾溶液，任其饮用；或每日3次，每次4~8毫升，连服3天。④将碘1克、碘化钾1.5克，溶于1 500毫升水中进行咽喉注入。⑤克霉唑（三苯甲咪唑）治疗也有较高的疗效，如与制霉菌素同时使用，效果更佳，每50只雏鹅用1克，拌料喂给。⑥中药可用鱼腥草3份，蒲公英2份，黄芩、葶苈子、桔梗、苦参各1份研末，每次按1克/千克体重的比例拌料喂服，连喂5天。

78. 怎样预防和治疗鹅群常见的寄生虫病？

鹅常见的寄生虫病有球虫病、鹅毛滴虫病、鹅蛔虫病、鹅裂口线虫病、鹅矛形剑带绦虫病、鹅嗜眼吸虫病、鹅虱、鹅螨。下面就这几种鹅场常见寄生虫病分别进行介绍。

（1）鹅球虫病。鹅球虫病是由艾美尔属和泰泽属的各种球虫，寄生于鹅的肠道引起的。雏鹅的易感性高。主要特征为病鹅消瘦，贫血和下痢。病鹅不易复原，成年鹅往往成为带虫者，增重和产蛋均受影响，可造成严重的经济损失。鹅球虫对幼鹅的危害特别严重，暴发时可发生大批死亡。

【病原】据报道，鹅球虫有 15 种，分别属于艾美尔属和泰泽属。其中只有一种寄生于鹅的肾小管上皮，引起肾球虫病，其余的均寄生于小肠，引起肠球虫病。鹅球虫属直接发育型，不需要中间宿主，需经过 3 个阶段。①孢子生殖阶段：在外界完成，又称外生发育。②裂殖生殖阶段：在小肠的上皮细胞内以复分裂法进行繁殖。③配子生殖阶段：由上述阶段中的最后一代裂殖子分化形成大配子，大配子和小配子结合为合子，合子的外周形成壁，即为卵囊，这阶段在上皮细胞内进行。裂殖生殖和配子生殖两个阶段均在宿主体内形成，又称内生发育。鹅由于吞食了土壤、饲料和饮水等外界环境中的孢子化卵囊而造成感染。

【流行特点】各种年龄的鹅均有易感性，3 周龄至 3 月龄的幼鹅最易感，死亡率高，康复鹅成为带虫者。发病季节与气温、雨量有关，通常在当年的 5～8 月份发病严重，其他时间较少见。通过被病鹅粪便污染的饲料、饮水、土壤、用具及饲养管理人员都可能携带卵囊而造成传播。

【临床症状】鹅感染本病后，其症状依发病情况和病程分为急性和慢性。急性病程为数天到 2～3 周，多见于雏鹅，开始精神不佳，羽毛松乱无光泽，缩头，行走缓慢，闭目呆立，有时卧地头弯曲藏至背部羽下，食欲减退或废绝，喜饮水，先便秘后腹泻，由稀糊状逐渐变为白色稀粪或水样稀粪，使泄殖腔周围粘有稀粪。后由于肠道损伤及中毒加剧，翅膀轻瘫，共济失调，渴感，食管膨大部分充满液体，食欲废绝，稀粪水带血，后期逐步消瘦，发生神经症状，痉挛性收缩，不久即死亡，雏鹅死亡率较高。成鹅也可发生，但程度较轻。

【剖检】主要病变在消化道。尸体干瘦，黏膜苍白或发绀，泄殖腔周围羽毛被粪血污染，急性者呈严重的出血性卡他性炎症。肠黏膜增厚、出血、糜烂。在回盲段和直肠中段的肠黏膜具有糠麸样的伪膜覆盖，肠黏膜上有溢血点和球虫结节，肠内容物为红色至褐色黏稠物，不形成肠心。

【诊断】本病的确诊除根据本病流行特点、临床症状以及剖检病变外，还需依靠实验室诊断。

鉴别诊断　本病应与沙门氏菌、大肠杆菌病加以区别。

【防治措施】

①预防措施。

A. 加强饲养管理和场地卫生消毒工作，是制止发病的重要措施，及时清除粪便和更换垫草，并将清除物堆沤发酵，以杀火球虫卵囊。饲养场地保持清洁干燥，不在低洼潮湿及被球虫污染地带放牧，勤垫换新土。不同年龄的鹅要分开饲养管理，栏圈、食槽、饮水器及用具等要经常清洗、消毒。

B. 预防药物：可选用复方甲基异噁唑按 0.02％配比混于饲料饲喂，连用 4～5 天；氯苯胍，每千克饲料中加入 120～150 毫克，均匀混料饲喂，或在每升饮水中加入 80～120 毫克饮服，连用 4～6 天；或用克球多，每千克饲料中加入 100～125 毫克，均匀混料饲喂，连用 3～7 天；也可用球痢灵，按每千克饲料中加入 125 毫克，均匀混料饲喂；还可以用磺胺六甲氧嘧啶，按 0.05％～0.1％配比混于饲料中饲喂，连用 3～5 天；或者用球虫净，每千克饲料中加入 125 毫克均匀混料饲喂，屠宰前 7 天停药。

②治疗。治疗鹅球虫病的药物较多，应早诊断早用药。宜采取两种以上的药物交替使用，否则易产生抗药性。可选用以下药物治疗：

A. 氯苯胍，按每千克饲料中加入 100 毫克，均匀混料饲喂，连用 7～10 天。屠宰前 7～10 天停止投药。B. 氨丙啉，按每千克饲料中加入 150～200 毫克，均匀混料饲喂，或在每升饮水中加入 80～120 毫克饮服，连用 7 天。用药期间，应停止喂维生素 B_1。C. 磺胺二甲基嘧啶，以 0.5％配比混料饲喂或以 0.2％浓度饮服，连用 3 天，停用 2 天后，再连用 3 天。D. 球痢灵，按 0.025％浓度均匀混料饲喂，连用 3～5 天。E. 克球多，按每千克饲料中加 250 毫克均匀混料饲喂，连用 3～5 天。F. 磺胺喹沙啉，按 0.0125％浓度均匀混料饲喂，连用 3～4 天。G. 磺胺六甲氧嘧啶，以 0.05％～0.2％浓度均匀混料饲喂，连用 3～5 天。H. 广虫灵，按每千克饲料中加入 100～200 毫克，均匀混料饲喂，连用 5～7 天。

（2）毛滴虫病。鹅毛滴虫病是由禽毛滴虫引起鹅的一种原虫性疾病，可造成大批死亡。临床上以呼吸困难和口腔黏膜溃疡、坏死等为主要特征。

【病原】本病的病原是毛滴虫，其虫体呈圆形或梨形，大小为 7.9～15 微米×4.7～13 微米，有 4 根游离的前端鞭毛，长度与虫体接近。沿着发育良好的波状膜边缘长出第 5 根鞭毛，向后伸延不伸出体外，像一根活动的皮鞭。波动膜较短，从虫体前端起始，未达虫体后端即终止。寄生于盲肠。在培养基上能良好生长。鹅毛滴虫为直接发育型寄生虫.虫体不形成包囊，二分裂方式进行繁殖。虫体可寄生于鹅的消化道、呼吸道和生殖道的上皮细胞以及肝等实质细胞中。

【流行特点】本病多发生于春、秋两季，主要的感染源是病鹅或带虫鹅。毛滴虫寄生在鹅肠道的后段。毛滴虫随病鹅粪便排出体外，健康的鹅吃了被毛滴虫污染的饲料和饮水而感染。啮类动物和昆虫可成为本病的机械传播者。在流行地区的鹅场，成年鹅有 50%～70%轻度感染而成为带虫鹅。当饲养管理不当或由于其他疾病使鹅消化道后段黏膜受到损伤时，虫体便乘机侵入，这时鹅极易感染本病而造成大批死亡。鹅的易感年龄为数周至5～8 月龄。

【临床症状】本病潜伏期为 6～15 天。一般经 5～8 天出现症状，其症状可分为急性型和慢性型两种类型。幼雏多呈急性型，病鹅体温升高，精神沉郁，食欲减退或废绝，继而出现跛行，活动困难，喜卧，蜷缩成团，口腔黏膜常有干酪样物质积聚，使嘴难以张开，采食困难。腹泻，粪便呈淡黄色。慢性型多见于成年鹅。病鹅表现消瘦，绒毛脱落，生长发育缓慢，常在头、颈、腹部出现秃毛区。

【剖检】剖检病鹅可见盲肠乳头突黏膜肿胀、充血，并有凝血块；肝脏肿大，呈褐色或黄色；病母鹅的输卵管发炎和蛋滞留，滞留的蛋壳表面呈黑色，其内容物腐败变质；输卵管黏膜坏死，管腔积液，呈粥状，暗灰色，卵泡变形。

急性病例在口腔及喉头见有淡黄色小结节，有的病例因食道的溃疡而引起穿孔。如病变只限于肠道及上呼吸道，约有 1/3 病例的食道及上呼吸道的溃疡可形成疤痕而康复。当病变波及内脏（如肠、肝、肺及气囊）时，常可见到坏死性肠炎和肝炎。肝脏肿大，呈褐色或黄色，表面有小的白色病灶。还可常见胸膜炎、心包炎和腹膜炎。母鹅输卵管发炎，蛋滞留，蛋壳表面呈黑色，内容物腐败。输卵管黏膜坏死，管腔内积有粥状黏液，呈暗灰色或脓水样。卵泡全部变形。

【诊断】本病的确诊，除根据本病流行特点、临床症状以及剖检病变外，还需依靠实验室诊断。取病料涂片，直接镜检和染色（罗曼诺夫斯基法）镜检，能观察到虫体可确诊；或采取病料接种于人工培养基上，根据生长情况判断。

【防治措施】

①预防措施。每日应随时注意保持鹅舍通风、干燥和清洁。定期消毒鹅舍、用具及其周围环境，以杀灭病原。雏鹅与成年鹅必须分开饲养，严防交叉感染。要适量增添蛋白质饲料和维生素饲料，以提高鹅群的抗病力。搞好养鹅场清洁工作，保持料槽和饮水器的清洁卫生，按年龄分群饲养，做好灭鼠工作。

②治疗。本病可选用下列药物治疗：A. 甲硝羟乙唑片（灭滴灵），每天每只病鹅 100～200 毫克，分两次投服，连用 7 天。对不食者可灌服悬浮液（1.25%），每只 1 毫升，每天 3 次。B. 阿的平，按每千克体重用 0.1 克，用水稀释后供鹅饮水，连用 5 天。

（3）鹅蛔虫病。鹅蛔虫病主要是由鸡蛔虫引起的一种家禽肠道寄生虫病。临床上，以消化机能障碍为主要特征。本病广泛分布于国内外不少地区。由于虫体在肠道的寄生，不仅损伤肠黏膜，引发肠炎，导致病原感染，而且虫体的代谢产物使病禽产生慢性中毒，严重者最终导致鹅瘦弱死亡。

【病原】虫体较大，是禽鸟类中最大型的一种线虫，呈黄白色线状，有一个圆形的肛前吸盘，两条交合刺等长，尾部有小的侧翼和 10 对乳突。虫卵呈卵圆形，壳厚，呈灰黑色，虫体寄生于小肠。

【流行特点】带虫者和患者是主要传染源，多经消化道感染。不同年龄、品种禽均可感染，但本病多侵害 3～4 月龄鹅，本地种较外来种抗病力强。饲养条件的好坏与易感性强弱密切相关。如饲料配合过于单纯，可使鹅抗病力下降。

【临床症状】症状轻重与其感染虫体的数量和鹅体营养好坏直接关联。感染轻者，或成年鹅感染，多不表现症状。感染严重病鹅常表现精神不振，生长不良，羽毛松乱，食欲减退或异常，下痢，逐渐消瘦，黏膜贫血，最终多因瘦弱死去。

【剖检】病死鹅主要呈现肠炎，肠黏膜有散布结节性和出血性病变。成虫主要寄生在小肠，数量多时，肌胃和大肠中也可发现虫体。

【防治措施】除加强饲养管理和搞好环境卫生外，主要是通过药物进行驱虫。在饲料方面，应用全价饲料，特别应含有足够的动物性蛋白、维生素 A 和 B 族维生素的饲料，可防止或减轻感染。在管理上，应将雏鹅与成年鹅分群饲养，鹅舍和环境的粪便应逐日清除，集中堆沤，并经生物热处理。鹅群每年应进行 2 次定期驱虫，即春、秋两季各进行 1 次驱虫。驱虫药可在下述驱虫药中择优选用。

鹅群一旦发病，立即投服以下几种驱虫药，能获良效：①驱蛔灵，按每千克体重 0.25 克，混合在饲料或饮水中喂服。②驱虫净，按每千克体重 40～50 毫克口服，或按每千克体重 60 毫克混饲喂服。③灭虫丁，按每千克体重 0.1～0.2 毫克，肌内注射或皮下注射。

（4）鹅裂口线虫病。鹅裂口线虫病是由寄生于鹅肌胃的鹅裂口线虫所引起的一种寄生虫病。此病可在各地流行，有的地区感染率可达 90% 以上。主要危害小鹅，常造成大批死亡，损失较大。

【病原】鹅裂口线虫是一种小线虫，虫体表皮有横纹，体细长，呈粉红色。雄虫长 9.5～14 毫米，末端有交合伞；雌虫长 15.6～21.3 毫米，寄生在鹅（尤其是雏鹅）的肌胃角质层之下。卵呈长椭圆形，大小为 0.1 毫米×0.064 毫米。鹅裂口线虫发育无需中间宿主。卵随鹅的粪便排出体外后，在适宜的条件下，幼虫在 24 小时后在卵中发育并蜕皮；5～6 天后幼虫发育成具有侵袭性的幼虫，然后钻出卵壳沿草茎或在地面蠕动。鹅吃了含有侵袭性幼虫的草而被感染。幼虫在前 5 天栖居于鹅的腺胃，最后进入肌胃内或钻入肌胃角质层下面，在此处经 7～22 天发育为成虫。雌虫开始产卵。

【流行特点】患者和带虫者是主要传染源。其中成年鹅多为轻度感染，但成为带虫者和本病的传播者。主要经消化道感染，即"病从口入"。不同年龄的鹅均可受感染，其中幼鹅特别敏感，中、小鹅的死亡率较高。如饲养管理不良，可造成大批死亡。

【临床症状】当虫体寄生于鹅肌胃角质层下面时，易使肌胃造成严重的损害，因此，患鹅出现食欲不振，甚至废绝，消化障碍，生长受阻，精神沉郁。随着病情的发展，症状加剧，患鹅体弱，贫血，下痢。如饲养管理良好，死亡率不高，但可成为带虫鹅和传播鹅；如饲养条件差，也可造成死亡。

【剖检】可见肌胃发生严重的溃疡、坏死、变色（呈棕黑色）。解剖时可见大量红色细小的虫体寄生在肌胃角质层较薄部位，部分虫体埋在角质层内。在腺胃和合管有时也可以找到虫体。其他内脏器官无明显病变。

【防治措施】让牧场空闲 1～1.5 个月，在空闲期间，搞好鹅舍卫生，加强消毒，可以在 1.5～2 个月内清除病原。鹅群分大小群管理，避免使用同一牧场，防止带虫的成鹅感染雏鹅。定期预防性驱虫，每年应最少进行 2 次驱虫。

本病治疗可用下列药物：①盐酸左旋咪唑片，每千克体重 25 毫克，口服，每隔 3～7 天驱虫 1 次。②三氯酚，按每千克体重 70～75 毫克口服，一次性使用。③四氯化碳，20～30 日龄雏鹅，每只 1 毫升；1～2 月龄幼鹅，每只 2 毫升；2～3 月龄中鹅，每只 3 毫升；3～4 月龄的鹅，每只 5 毫升；成年鹅，每只 5～10 毫升。④驱虫净，每千克体重用 40～50 毫克，口服可按 0.01% 的浓度溶于水中，连用 7 天为 1 个疗程。

（5）鹅嗜眼吸虫病。鹅嗜眼吸虫病主要是由嗜眼科鸡嗜眼吸虫寄生在鹅的眼结膜囊和瞬膜上引起的疾病。本病在严重感染地区，感染率高达 80%。

【病原】本病的病原是嗜眼科鸡嗜眼吸虫（又称涉禽嗜眼吸虫），虫体外形似矛头状。新鲜虫体呈淡黄色，半透明，前端较狭呈棒槌形，体表仅见粗糙不平，未见小刺。腹吸盘大于口吸盘，生殖孔开口于腹吸盘和口吸盘之间。虫卵椭圆形，内含有眼点的毛蚴，无卵盖。虫卵随眼分泌物排出，遇水立即孵出毛蚴。毛蚴接触到中间宿主螺蛳（瘤拟黑螺）时，钻入其中的组织，经过母雷蚴、二代雷蚴，最后产生尾蚴。尾蚴主动从螺蛳体内逸出，可在螺蛳壳的体表或任何一种固体物的表面形成囊蚴。当含有囊蚴的螺蛳等被鹅吞食后即被感染。囊蚴在口腔和嗉囊内脱囊逸出幼虫，经鼻泪管移行到眼的结膜囊内，1个月后发育为成虫。

【临床症状】病鹅初期怕光流泪，食欲减退。有时摇头，弯颈，用爪搔眼等；眼结膜充血，有小点出血及糜烂；眼睑水肿，紧闭；眼部有黄豆大的泡状隆起，有时流出带有血液的眼泪。重症病鹅角膜混浊、溃疡和黄色块状坏死物突出于眼睑之外，甚至形成脓性溃疡。大多数病鹅为单侧性眼发病，只有少数为双侧性。严重者引起双目失明，难以进食。患鹅普遍消瘦，流行严重时引起雏鹅大批因眼疾难以进食，很快消瘦，最后导致死亡。成年鹅感染后症状较轻，主要呈现结膜－角膜炎，消瘦，产蛋率下降等。

【剖检】剖检病鹅可见眼内瞬膜处有虫体附着。肠黏膜充血，1/3处出血。心、肝、脾、肺和肾等脏器均未见异常病变。

【诊断】本病主要根据以结膜-角膜炎为主的临床症状，并结合剖检病鹅在其眼内找到虫体，即可做出确诊。

【预防】不要到易感染疫病的水域牧鹅。同时做好大力杀灭瘤拟黑螺等螺蛳，消灭传播媒介，杜绝病原散播；在疫病流行区，用作鹅饲料的浮萍、河蚬等，应用开水浸泡，杀灭其中的囊蚴后再供鹅食用。

本病治疗可用75％酒精滴眼，由助手将鹅体固定，另一助手固定鹅头，右手用钝头金属细棒或眼科玻璃棒，从内眼角扒开瞬膜，用药棉吸干泪液后，立即滴入75％酒精4～6滴。用此法滴眼驱虫操作简便，可使病鹅症状很快消失，驱虫率可达

100%。也可以来取人工翻眼除虫，需要 3 人，其中助手 2 人，按上法用钝头细棒拨开瞬膜，第三人用眼科镊子从结膜囊内摘除虫体。

（6）鹅矛形剑带绦虫病。鹅剑带绦虫病是由矛形剑带绦虫引起的一种寄生虫病。成虫主要寄生在鹅的小肠，引起肠黏膜损伤和消化功能障碍，临床上以消瘦、下痢和神经症状为特征。雏鹅易感，一般常发生于每年的 5～9 月。

【病原及流行特点】矛形剑带绦虫寄生于鸭、鹅的小肠内，是禽类的大型绦虫，属膜壳科、剑带属。主要以剑水蚤作为中间宿主，孕节或卵随粪便排出体外，落入水中被剑水蚤吞食，六钩蚴逸出，钻入剑水蚤血腔内逐渐发育为似囊尾蚴。鹅在放牧过程中，食入含有成熟似囊尾蚴的剑水蚤而获感染，剑水蚤被消化，似囊尾蚴进入小肠，在小肠内逸出，用翻出的头节固着在小肠壁上，约经 20 天发育为成虫，并开始排出孕节。以 20 日龄至 2 个月的雏鹅易感性最强，鹅群感染后未得到及时有效的诊治，可引起成批死亡。

【临床症状】雏鹅感染后，表现为消瘦，泄殖腔周围粘有黄色稀便，粪便中有水草碎片，食欲减少，饮欲增加，生长发育不良，并有神经症状，表现为步态不稳、突然倒地、头往后仰，滚转几次后死亡。2 月龄的幼鹅，表现精神委顿、消瘦、虚弱、不愿活动，常离群独居、翅膀下垂、羽毛松乱，排出带黏液的稀便。有的病鹅两腿和头颈震颤，时而在排出的稀便中发现白色绦虫节片。后期病鹅极度贫血，多数在瘦弱中死亡。

【剖检】雏鹅肝脏稍肿，肠黏膜出血，肠内有绦虫，一般 10 多条，多的可达 30 条，长 3～4 厘米。幼鹅死亡后血液稀薄，出现卡他性肠炎，小肠黏膜增厚、充血、出血，并散布米粒大小结节状溃疡，肠腔内积有数条白色、扁平、分节状虫体，有的肠段变硬、变粗。当虫体大量积聚时，可造成肠腔阻塞、肠扭转，甚至肠破裂。

【防治措施】

①预防。在绦虫经常流行的地区，带病的成鹅是主要传染源，通过粪便可大量排出虫卵。在每年的入冬及开春时，及时给成鹅进行彻底驱虫。幼鹅应在 18 日龄（因虫体成熟为 20 天）全群驱虫 1 次。有条件的应杀灭剑水蚤，在已污染的池塘，将水排干，更新灌入新水或施用农药、化肥，均可杀灭剑水蚤。

②治疗。本病治疗时可选用以下药物：硫双二氯酚，剂量为 150～200 毫克，或按 1：30 的比例与饲料混匀喂给。也可用氯硝柳胺，每千克体重 60～100 毫克，均匀拌入饲料中 1 次喂给。吡喹酮，按每千克体重 10～15 毫克，混在饲料中 1 次投给。石榴皮槟榔合剂，配法为石榴皮、槟榔各 100 克，加水至 1 000 毫升，煮沸 1 小时，加水调至 800 毫升；剂量为：20 日龄的雏鹅 1.5 毫升，30 日龄的幼鹅 2 毫升，30 日龄以上的 2.5 毫升，混入饲料中喂给或用胃管投服，2 天内用完。

（7）鹅虱。鹅虱是鹅的一种体外寄生虫，种类很多，共有40 余种，有的寄生在鹅的头部和体部，有的寄生在鹅的翅部。主要影响鹅的休息，使鹅骚动不安，并能吸血及产生毒素，严重影响鹅的生长发育。

【病原及流行特点】鹅虱虫体呈椭圆或长椭圆形，灰黑色或黄色，雄虫体长 3～5 毫米，雌虫体长 4～9 毫米。鹅虱发育呈不完全变态，所产卵结合成块，经 5～8 天孵化为幼虱，在 2～3 周内经 3～5 次蜕皮变成成虱。鹅虱主要靠直接接触感染，一年四季均可发生，特别在秋冬季大量繁殖，以啮食鹅的羽毛和皮屑为生，有时也吞食皮肤损伤部的血液。母鹅抱窝时，由于鹅舍狭小，舍地潮湿，也常耳内生虱。

【临床症状】病鹅精神痴呆，食欲不振，贫血消瘦，羽绒脱落，睡眠不安，产蛋量下降，母鹅抱窝孵蛋受到影响。用手翻开耳朵旁羽毛，可见耳内有黄色虱子，甚至全身毛根下、皮肤上都有黄色虱子。如不及时治疗，10 天内可使鹅致死。

【防治措施】灭虱可用浓度为 0.2％的敌百虫溶液，晚上喷洒在鹅体羽毛表面；或烟草 1 份，加水 20 份煮 1 小时后，以蒸出液涂洗鹅身，此法最好在晴天进行；氟化钠 5 份、滑石粉 95 份，混匀后撒在体表及羽毛上或用 1％马拉硫磷粉喷洒；2％除虫菊酯粉、3％～5％硫黄粉或鱼藤精粉撒在鹅的体表，效果也不错；25％除虫菊酯油剂，用水稀释成 1∶2 000、1∶4 000、1∶8 000等，进行喷雾或药浴；寄生在耳内的虱子可用菜油滴入耳朵内，每天早晚各滴 1 次，连滴数天后，虱子可全部杀灭。

(8) 鹅螨。鹅螨病主要是由刺皮螨、双流羽管螨和鳞足螨引起的鹅体外寄生虫病。

【病原及流行特点】刺皮螨整个生长发育周期约 7 天，白天常存在于松散的粪块下面，夜间到宿主羽下、皮肤上吸血。双流羽管螨寄生在鹅的羽毛管腔中，从卵发育成成虫需要 38～41 天。鳞足螨寄生在鹅的脚趾上，整个生活史都在鹅体表进行。

【临床症状】刺皮螨引起的主要症状是贫血，生长发育缓慢，产蛋减少，受精率降低，消瘦，抵抗力下降。双流羽管螨导致羽毛损毁。鳞足螨引起皮肤发炎，渗出物在皮肤鳞片下形成灰黄色痂皮，脚部肿大，表皮像一层石灰附着，形成"石灰脚"，行走困难。

【防治措施】①搞好鹅舍环境的清洁、卫生。②对刺皮螨、双流管螨可用 20％双甲脒乳油配成 0.05％乳液或用 0.0025％～0.005％的溴氰菊酯溶液定期喷洒鹅舍围栏、垫料、墙壁、柱子、地面、巢窝等处及鹅体，进行杀虫。③对鳞足螨可将病鹅脚浸泡在温肥皂水中，使其痂皮变软，然后除去痂皮，再用 2％硫黄软膏涂擦患部，直到痊愈。病情严重的鹅只淘汰。

八、鹅场建设

79. 如何确定鹅场的建设位置？

养鹅场的场地选择直接关系到养殖环境是否能够符合鹅的生活、生产需要和卫生防疫要求，也关系到生产安全和生产成本。因此，在养鹅之前必须根据自身的生产目标、养殖经验、经济条件以及当地的自然条件和社会条件等因素进行综合权衡而定，做到考虑周全、安排合理、规划科学。通常情况下，场址的选择必须考虑以下几个问题：

（1）社会环境条件要求

①与人员和车辆来往多的地方要保持足够的距离。在选择场址时，要远离其他畜禽饲养场和各种污染源，相互距离保持在500米以上；鹅场要远离畜禽屠宰场、制革厂、化工厂，相距不少于300米，而且要处在其上风头和地势高的地方，避免受其废弃物和排出污水的污染；鹅场与居民点的距离应在500米以上，与国道、省际公路的距离应在500米以上，与主要公路的距离应在300米以上，以利于卫生防疫，避免因环境杂乱引起鹅群应激。

选择养鹅场时最好能够使场地处于农田中间或林地中间，鹅场被农作物或树林所包围，与周围能够起到自然隔离的效果；要远离饮用水源和居民生活区，处于居民点的下风向，并做好污染物的处理，避免饲养场所产生的污物、污水、废气、噪声污染环境，影响人们的生活。

鹅场要与饮用水的水源地保持300米以上的距离，避免生产过程中产生的污水和粪便中的有害物渗入地下而污染水源。

②交通要相对便利。规模化鹅场运输任务繁重（饲料、产品等），每天都可能有大量的物品运进运出。因此，距离公路不能太远，而且鹅场要修建专用道路与公路相连，道路应该较为坚实、平坦、硬化。放牧饲养通向放牧地和水源的道路不应与主要交通线交叉。

③电力供应稳定。鹅的饲养管理过程对电的依赖性较大。鹅舍内的照明、鹅蛋的孵化、饲料加工、供水都离不开电，电力供应不稳定会严重影响鹅场的正常生产。因此，在鹅场选址时必须考虑保证正常的电力供应，尽量靠近输电线路，减少供电投资。集约化饲养场应有自备发电机，以便在遇到突然停电时应急使用。

④避免连片建场。许多地方在沿河流的两岸建造鹅舍，鹅舍多是一个接一个，有的是在一个有限的范围内让养鹅户集中修建鹅舍，两个养鹅户仅有一墙之隔。虽然这样的建设容易形成鹅贸易市场，便于鹅产品的销售，但是这样的不良后果是水质容易污染、疾病容易相互传播，尤其是在水流缓慢、水量较小的河流旁就会表现得更为明显。此外，根据《畜牧法》的规定，禁止在生活饮用水的水源保护区、风景名胜区，以及自然保护区的核心区和缓冲区及法律、法规规定的其他禁养区域建养殖场。

（2）自然环境条件要求

①水源。鹅具有喜水的天性，保证每天在水中有一定的活动时间是维持鹅健康和高产的重要条件。另外，饲养种鹅需要在水中完成自然交配，必须有干净的水面。商品鹅对水面的依赖性不强，但用于活体拔毛的鹅必须经常下水洗浴，以保证羽毛的清洁和促进羽毛生长。因此，鹅场选择水源位置要适中，不要离鹅场太远。要求水面宽阔、水深1～2米最好；水中无臭味或异味，水体清洁；流动的水源较好，但水流不能太急，浪花要小。不要在河流的主航道附近建场，以免干扰鹅群，引起应激。水体中的微生物、有毒有害物质含量应尽可能低，以保证鹅的健康。种鹅

场地选择时对水面的要求较高。首先要求水面宽阔，水体清洁、水浪小，此外，水源位置要适中，不要离养鹅场太远；水无臭味或异味，水质澄清；水岸不过于陡峭，以免坡度过大造成鹅上岸、下水困难。水源附近应无屠宰场和排放污水的工厂。湖泊、水库、大的池塘附近是较为理想的首选的建场地。

②地势。鹅休息和产蛋的场所要求保持相对干燥，因此鹅舍要求建在地势较高的地方，有5°～10°的小坡，排水通畅，避免积水。在河堤、水库、湖泊边建场时，地基要高出历史洪水的最高线，避免雨季舍内进水、潮湿。山区建场场地应高出当地最高水位1～2米，以防涨水时被水淹没，但不宜选在昼夜温差过大的山顶。平原地区建舍应特别注意，地下水位应低于建筑物地基0.5米以下，鹅舍地面要高出舍外地面30厘米以上。

③地形。要求有一定的坡度，坡面向阳，开阔整齐。北方鹅场的方位以朝南或略偏东南为理想，背风向阳，使鹅舍冬暖夏凉，一般在河、渠水源的北坡建场。为了能达到场内合理布局，便于卫生防疫，场地不要过于狭长或边角太多。

④地质土壤。鹅场地土壤以地下水位较低的沙壤土最理想，适于鹅地面平养。下雨后沙壤土不会泥泞，易于保持适当干燥，还可以防止病原菌、寄生虫卵、蚊蝇等繁殖和生存。相反，黏土排水不良，容易积水，不便于清除粪污，羽毛常受到污染，昼夜温差明显，对鹅的健康造成不良影响。如必须在黏土上建场，可以在上面铺20～30厘米的沙壤土。膨胀土的土层不能作为鹅舍的基础上层，否则易导致基础断裂崩塌。

⑤水草资源。利用天然牧草地可以很好地进行鹅的放牧饲养。一般育肥仔鹅或种鹅1天可以吃青草1～1.5千克。在放牧过程中，鹅采食青草后要饮用清洁饮水，休息一段时间后，再采食青草。因此，在选择场址时，鹅舍附近最好有广阔的草地，同时有江河、湖泊、池塘、沟溪等清洁的水源。在我国长江中下游地区，华南、东北、内蒙古等地常采用放牧饲养。对于广大农区

来说，要大力发展人工牧草，种草养鹅，对于产业结构的调整、增加农民收入具有重要意义。

⑥养鹅场之间要相距 500 米以上。鹅的一些传染病能够通过野鸟、老鼠、昆虫等动物在不同场之间传播，微生物也能够通过空气中的粉尘随风飘到其他地方。但是，在养鹅场由于有足够的食物和活动空间，一般鼠雀和昆虫的活动范围主要局限在方圆 500 米以内；一般情况下空气流动过程中，粉尘会被树木、庄稼、建筑物所阻挡，除非是在大风天气，一般粉尘飞扬的距离也不超过 500 米。从卫生防疫角度看，要防止养鹅场之间疾病的相互传播，保持 500 米以上的卫生防疫间距非常必要。

(3) 养鹅场的占地。鹅舍建筑面积需要依据鹅的饲养密度来确定，不同类型和周龄的鹅饲养密度存在较大的差异。以每批饲养 500 只鹅为例确定需要多大的鹅舍建筑面积。对于商品仔鹅，3 周龄前的饲养密度可以按照 10 只/米^{2}计算，4～6 周龄按 7 只/米^{2}计算，7 周龄到出栏按 5 只/米^{2}计算。小型饲养商品仔鹅的养殖场（户），在建设鹅舍时，都是按照 5 只/米^{2}设计的。饲养 500 只仔鹅需要 100 米^2 的室内净空间，如果考虑室内空间的利用率为 80%（摆放饮水、喂料设备、加热设备及存放闲杂物品等），则建筑面积应为 125 米^2。中型养殖场（户），可以考虑建造 1 栋育雏室、2 栋育肥舍，育雏和育肥交替进行，则每批次饲养 500 只鹅所需育雏室面积为 65～70 米^2，每栋育肥舍面积为 125 米^2。这种设计方法有利于提高鹅舍的利用效率。如果饲养 500 只种鹅，则同一批次的青年鹅和成年鹅可以共用 1 栋鹅舍，饲养密度按照 4 只/米^{2}设计，需要鹅舍面积 150～160 米^2（室内空间的利用率为 80%）。在非靠近水面的地方建造养鹅场时，养鹅场的总占地面积是鹅舍面积的 4～6 倍。考虑到当前耕地数量少，如果在林地放养鹅群，可以把林地作为运动场使用，养鹅场的占地面积约为鹅舍面积的 2.5 倍；如果在鱼塘或河流沟渠附近建造养鹅场，也可以适当减少运动场的占地，养鹅场的总占地面积约为鹅舍面积的 3 倍。表 9 是鹅群周转计划和鹅舍比例的方案，仅供参考。

表 9　肉用仔鹅场鹅群周转计划和鹅舍比例的方案

鹅群类别	周龄（周）	饲养天数（天）	消毒空舍天数（天）	占舍天数（天）	占舍天数比例	鹅舍栋数比例
雏鹅	0～4	28	10	38	1	2
育肥鹅	5～10	42	15	57	1.5	3

如果本场同时配套饲养种鹅及进行孵化、育雏，还要栽种牧草作为饲料，占用的场地面积应另行计算。此外，根据鹅场今后的发展规划，还应留有适当的余地。所以，根据实际情况精心测算以减少成本、增加效益是非常重要的。

80. 如何进行鹅场的科学规划与布局？

鹅场布局是否合理，是养鹅成败的关键条件之一。集约化、规模化程度越高的鹅场，受鹅场布局的影响越大。因此，一个鹅场在建设前一定要做好科学布局。

（1）规模化养鹅场的场区规划原则

①因地制宜、因场而异。养鹅场的场区规划应根据生产性质（育种场、种鹅场、商品鹅场和综合性养鹅场）、生产任务、生产规模，以及水域环境等不同情况，合理进行规划（图 16）。对于商品场或小规模饲养场，生产任务单一，采用农村闲置房舍饲

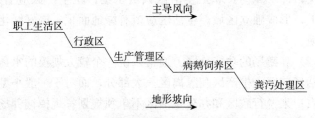

图 16　鹅场按地势、风向分区规划

养，对场区规划没有严格的要求，只要做到隔离饲养即可。而规模化的种鹅场，因场地较大，需要合理规划布局，才能稳定生产，可持续发展。生产区内各类禽舍之间的规模比例也要配套协调，与生产需要相适应，避免建成闲置房舍。

②隔离饲养。规划时应考虑尽可能避免外来人员和车辆接近或进入生产区，减少病原体的侵入，与外界能较好地隔离。尸体、污物处理区要设在场区围墙外，与场内隔离。生产区中要有污道和净道的划分，污道区域进行粪便清运、病死鹅处理，净道进行饲料、产品的运输。此外，各区之间最好设置绿化带。

③便于生产管理。成年鹅群的房舍应靠近生产区大门，因为其饲料消耗量比其他鹅群大，而且每天生产出的种蛋便于运出。饲料仓库或调制室应接近鹅舍，方便饲喂。

④便于生产环境条件控制。环境条件是影响鹅群健康、生产水平和产品质量的重要因素，夏季高温、冬季严寒、舍内潮湿泥泞、通风不良、运动场积水等都对鹅生产极为不利。鹅场的位置应避开当地的风口地带，在气温较低的季节可以防止房舍内外温度过低，而且如果风将羽毛吹起容易造成受凉和感冒。

⑤有利于生活改善。规模化、综合性养鹅场要有独立的生活区，生活区内建有宿舍、食堂、生活服务设施等，建筑规模要和人员编制及生产区的规模相适应，一般生活区紧靠生产区，但应保持一定距离，方便生产。为了减少生活区空气污染，提高生活质量，生活区要设在生产区的上风向，而贮粪场应设在生产区的另一头，即下风向。职工生活区人员密集，距生产区应有1 000米以上，形成独立区域。生活区应留有绿地面积，搞好绿化，美化环境。

（2）养鹅场的功能分区。通常来说一个较大规模的水禽场应该包括场前区、生产区和隔离区三大部分，而对于一般小型专业户和农户来说行政区和办公生活区不单独规划。规模饲养场还应具有尸体、污物处理区。

①场前区。包括行政区和生活区。场前区是担负鹅场经营管理和对外联系的场区，应设在与外界联系方便的位置。鹅场大门前应设车辆消毒池，单侧或双侧设消毒更衣室。一些鹅场设有自己的饲料加工厂或鹅产品加工企业，如果这些企业规模较大，应在保证与本场联系方便的情况下，独立组成生产区。一般情况下可设在场前区内，但需自成单元，不应设在鹅场的生产区内。

鹅场的供销运输与社会的联系十分频繁，极易造成疾病的传播，故场外运输应严格与场内运输分开。负责场外运输的车辆严禁进入生产区，其车棚、车库也应设在场前区。外来人员只能在场前区活动，不得随意进入生产区。

②生产区。生产区是鹅场的核心，包括各类鹅舍（育雏舍、育成舍、产蛋舍和种鹅舍）、蛋库和孵化室、兽医室、发电房、锅炉房、水塔、车库、更衣室（包括洗澡、消毒室）、处理病死鹅的焚尸炉、粪污处理池以及饲料仓库和产品库等。

场区内布局要合理，各区域之间应用绿化带和（或）围墙严格分开，生产区和生活区严格分开。生产区要绝对隔离，且四周要有防疫沟，仅留两条通道，一条是饲养员和饲料等正常进入的清洁道，物品一般只进不出；另一条是处理鹅粪和淘汰鹅群等的脏道，一般只出不进，两道不能交叉。

生产区内育雏舍应置于上风，然后顺风向为育成鹅舍和成年鹅舍。成年鹅中以种鹅为主，种鹅舍可与育雏舍并排，但在下风。商品肉鹅舍宜在种鹅舍的后（北）面，种鹅舍要距离其他鹅舍300米以上。兽医室位于鹅场下风，焚尸炉和脏道的出口处则设在最下风处。

应按鹅场所处地势的高低和主导风向，如果地势与风向不一致，按防疫要求又不好处理时，则以风向为主，地势服从风向。将各类房舍依防疫、工艺流程需要的先后次序进行合理安排。

另外，在生产区内确定每栋建筑物和每种设施的位置时，除了考虑卫生防疫的要求外，还要考虑它们之间的功能关系（图

17)。功能关系是指鹅舍建筑物及设施之间与畜牧生产工艺的相互关系。鹅场布局应遵循以下原则：便于管理，有利于提高工作效率；便于搞好卫生防疫工作；充分考虑饲养作业流程的合理性；节约基建投资。

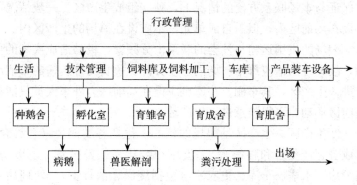

图 17　鹅场建筑物和设施的功能关系

③隔离区。隔离区是鹅场病鹅、粪便等污物集中之处，是卫生防疫和环境保护工作的重点，该区应设在全场的下风向和地势最低处，且与其他两区的间距宜不小于 50 米。贮粪场的设置既应考虑鹅粪便于由鹅舍运出，又要便于运到田间施用。病鹅隔离舍应尽可能与外界隔绝，且其四周应有天然或人工的隔离屏障（如界沟、围墙、栅栏或浓密的乔灌木混合林等），设单独的通路与出入口。病鹅隔离舍及处理病死鹅的尸坑或焚尸炉等设施，应距鹅舍 300～500 米远。

（3）运动场的规划。鹅是喜欢室外运动的禽类，并且鹅饲料以青绿饲料和粗饲料为主，而青粗饲料的消化利用效率并不高。因此，鹅吃的多，排泄的也多，如果室外运动场面积小，会造成运动场地面的脏污，使发病的概率显著增高。如果把鹅群圈在鹅舍内，则更容易把鹅舍地面弄得潮湿、泥泞、脏污，也使空气受污染，会造成多种疾病的发生。因此，在鹅饲养实践中必须考虑鹅群要有足够的室外运动场。室外运动场与鹅舍面积要有合适的比例。一般商品仔鹅由于饲养周期短，室外运动场可以稍小些，运动场面积约为鹅舍面积的 2 倍；育成期鹅群和成年鹅群的运动量大，运动场面积为鹅舍面积的 3～4 倍。

81. 鹅舍建造的基本要求有哪些？

为降低养鹅成本，鹅舍的建筑材料应就地取材。建筑竹木结构或水泥结构的简易鹅舍，也可是砖瓦顶或砖墙水泥瓦顶结构的鹅舍。用设计、建筑良好的塑料暖棚养鹅，也是一种不错的选择。养鹅只数不多时，可利用空闲的旧房舍，或在墙院内利用墙边围栏搭棚，供鹅栖息。但是各类型鹅舍在建造时，有一些基本建筑要求。

（1）防寒保暖。鹅舍内保温性能要好，北墙要厚实，以防西北风渗透。屋顶除瓦片、石棉瓦或油毛毡外，还需要有隔热保温层。冬季，有条件的地方要用暖气加温，没有暖气的地方，可用烟煤炉子加温。用烟煤炉子加温，要注意通风，以免一氧化碳中毒。

（2）通风良好。通风效果的好坏，取决于鹅舍与主导风向的夹角。如果鹅舍朝向与主导风向夹角成为零，从窗口而入的气流则以最短路线到达对面窗口而流出，形成"穿堂风"，无窗的墙与对侧墙之间则相对形成无风带或称为滞留区；当鹅舍朝向与主导风向夹角呈 90°时，即鹅舍主轴方向与风向平行，两侧窗的风压相等，此时通风效果最差，几乎等于零；当朝向与主导风向呈 45°夹角时，滞留区最小，通风效果最佳。为保持鹅舍冬暖夏凉、防止冷风渗透和加强排污效果等综合因素考虑，鹅舍朝向宜取与主导风向呈 30°～45°夹角。

（3）地面干燥。鹅舍应干燥、排水便利、顺畅，舍内地面与陆上运动场不能有坑洼、积水，地面应为水泥地，便于清洗消毒。

82. 如何进行雏鹅舍的设计与建造？

雏鹅绒毛稀少，体质比较娇嫩，体温调节能力差，需要有 14～28 天的保温时间。因此，育雏舍应以温暖、干燥、保温性能良好，空气流通而无贼风，电力供应稳定，易消毒为原则（图 18）。

鹅舍内还应考虑有放置供温设备的地方。每栋育雏舍以容纳 500～1 000

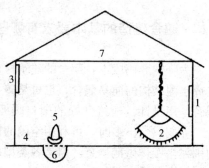

图 18　平面雏鹅舍内部
1. 南窗　2. 保温伞　3. 北窗　4. 走道
5. 饮水器　6. 排水沟　7. 天花板

只雏鹅为宜。房舍檐高 2～2.5 米，内设天花板，以增加保温性能。窗与地面面积之比一般为 1：10～15，南窗离地面 60～70 厘米，设置气窗，便于空气调节；北窗面积为南窗的 1/3～1/2，离地面 1 米左右，所有窗子与下水道通外的口子都要装上铁丝网，以防兽害。育雏舍地面最好用水泥或砖铺成，以便于消毒，舍内地面应比舍外地面高 20～30 厘米，并向一边略倾斜，以利于排水，保持舍内干燥。室内放置饮水器的地方，要有排水沟，并盖上网板，雏鹅饮水时溅出的水可漏到排水沟中排出，确保室内干燥。为便于保温和管理，育雏室应隔成几个小间。每小间的面积为 12～14 米²，可容纳 30 日龄以下的雏鹅 100 只左右。采用网上平养时，需要建造离地 1 米左右高的围栏。围栏可以采用竹木建成 0.3 米高的栅栏，其中使用木条制作的漏缝地板，使粪便漏泄到 V 形地面沟槽内，这样可保持雏鹅的清洁，避免粪便中病原体和细菌的污染。育雏舍的保温可以采用安装红外灯加温，或安放直接向舍外排烟的煤炉，或在舍外一端建造炉灶，在地板下的烟道取暖。

舍前设运动场和水浴池，运动场亦是晴天无风时的喂料场，略向水面倾斜，便于排水，喂料场与水面连接的斜坡长 3.5～5 米。运动场宽度为 3～6 米，长度与鹅舍长度等齐。运动场外接水浴池，池底不宜太深，且应有一定坡度，便于雏鹅上下和浴后站立休息。

因为鹅早期的生长发育很快，4 周龄体重可达成年体重的 40%，因此育雏密度在这一时期也要精心设计。一般采用地面平养时，1 周龄雏鹅的饲养密度为 15 只/米^2，2 周龄为 10 只/米^2，3 周龄为 7 只/米^2，4 周龄为 5 只/米^2；网上平养相应地略偏少些。若为了减少因分群或转移引起的应激，在整个育雏阶段都以 4 周龄时的密度为准。舍饲的雏鹅舍在每 2 个小间之间设 1 个浅水池，水深 20～25 厘米，供幼雏嬉水，具体布置见图 19。

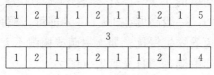

图 19　育雏舍
1. 雏鹅区　2. 浅水池　3. 人行道　4. 休息室　5. 工具室

83. 如何进行种鹅舍的设计与建造？

种鹅舍建筑视地区气候而定，一般有固定鹅舍和简易鹅舍之分，舍内鹅栏有单列式和双列式两种。双列式鹅舍中间设走道，两边都有陆上运动场和水上运动场，在冬天结冰的地区不宜采用双列式。单列式鹅舍冬暖夏凉，较少受季节和地区的限制，故大多采用这种方式。单列式鹅舍走道应设在北侧，种鹅舍要求防寒、隔热性能好，有天花板或隔热装置更好。种鹅舍还可兼作产蛋房或活拔羽绒后的鹅舍。

工厂化饲养种鹅的房舍要求：种鹅舍应建在靠近水面且地势高燥之处。鹅舍要求通风良好，采光系数力 1：10～12。北方舍檐高方 1.8～2 米，以利保暖，南方可提高到 3 米以上，以利通风散热。窗户与鹅舍地面积的比例为 1：10～20，舍内为砖地、水泥地或三合土地，铺上垫草。一般舍内地面比舍外高 10～15 厘米，以防舍内积水。鹅舍面积按大型品种 2～2.5 只/米^2、中小型品种 3～3.5 只/米^2 计，以每舍饲养 400 只左右为宜。在鹅舍内一端或一侧可设产蛋间、产蛋栏或产蛋箱，占地面积为鹅舍内面积的 1/6～1/5，用 65 厘米高的秸秆或木板围成，地面最好铺木板，防凉，上面再铺稻草，以便鹅做窝产蛋。其间留 2～3 个供鹅产蛋出入的小门。种鹅也必须有水面供其洗浴、交配，因此也应建有陆地和水上运动场。种鹅舍外陆地运动场面积为舍内面积的 2～2.5 倍，水上运动场与陆地运动场面积几乎相等，或至少为陆上运动场的 1/3～1/2，水深 80～100 厘米为宜。周围要建围栏或围墙，一般高度在 1～1.3 米即可。鹅舍周围应种树，树荫可使鹅群免受酷暑侵扰。如无树荫或树荫不大，可在水陆运动场交界处搭建凉棚，防日光直射（图 20）。

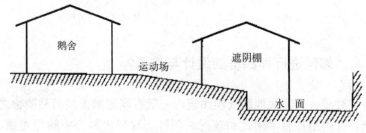

图 20　种鹅舍

另外，对于进行反季节生产的种鹅场，种鹅舍的设计和建造至关重要。总的要求是在保证鹅舍良好通风的条件下，整个鹅舍要有良好的遮光效果。与一般的鹅舍相比，用于反季节生产的鹅舍在建造时应具备 4 个基本要求：

（1）要有很好的遮光效果。由于调控鹅进行反季节繁殖的关键因素是光照，因此鹅舍的遮光效果在建造时是重中之重。建造好的鹅舍必须有非常好的避光效果，在夏季的白天能达到冬季夜间的黑暗效果，但要充分考虑实际生产在夏季的炎热情况，因此，要注意通风防暑的设计。

（2）要有良好的隔热效果。用于建造反季节生产鹅舍的材料应具备良好的隔热性能，同时应考虑成本。好的隔热效果对于反季节生产鹅群在炎热夏季遮光时抗热应激非常有好处，同时对冬季的保暖也很有利。

（3）要足够宽敞。注意合理的饲养密度，保证鹅舍足够宽敞，鹅只有足够的自由活动空间。设计面积只能按反季节生产时（炎热夏季）鹅的养殖密度来计算。一般要求鹅舍屋顶高 5 米，檐高 4 米，每栋鹅舍约 320 米^2，养殖数量 1 000 只左右，舍里设 1 个产蛋间，1 个就巢间。

（4）要有良好的通风和降温效果。由于反季节生产过程中，对鹅群的控光往往是在夏季。控制光照期间外界是炎热的高温，而鹅群却被关在密闭的鹅舍中，这势必对鹅造成很大的热应激。为保证反季节生产的正常进行，就必须在保证遮光效果的前提下尽量降低鹅群的热应激反应，以免影响种鹅的生产性能。首先就要保证鹅舍有好的通风效果，在建造鹅舍时在四周墙根部分尤其是夏季风的上风口，设置适当数量具有良好遮光效果的通风口，同时在鹅舍的顶部也同样设置适当数量、具有好遮光效果的热空气排放口。另外，在鹅舍内适当设置大功率的风扇和抽风机，以保证空气的流通（图 21）。

84. 如何进行育肥鹅舍的设计与建造？

育肥鹅舍饲养育雏结束到上市期间的鹅，此阶段必须为鹅提

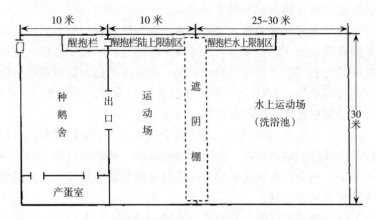

图 21　反季节生产的种鹅舍

供足够的活动场所。对于全舍饲的生长育肥鹅舍，除维持适宜的温度外，应注意和加强通风换气，保证空气新鲜。鹅舍一般为设有运动场的开放式鹅舍。运动场面积为房舍面积的 3 倍以上，必须能遮阳挡雨，防止热辐射。鹅舍两侧可砌死，也可仅砌与前檐一样高的砖墙。这种简易育肥舍也应有舍外场地，且与水面相连，便于鹅群入舍休息前的活动及嬉水。为了安全，鹅舍周围可以架设旧渔网。渔网不应有较大的漏洞。鹅舍也应干燥，平整，便于打扫。面积以每平方米栖息 7～8 只 70 日龄的中鹅进行计算。

　　育肥舍设单列式或双列式棚架。鹅舍长轴为东西走向，长形，高度以人在其间便于管理及打扫为度；南面可采用半敞式即砌有半墙，也可不砌墙用全敞式。舍内呈单列或双列式用竹围成棚栏，栏高 0.6 米，竹间距为 5～6 厘米，以利鹅伸出头来采食饮水。竹围南北两面分设水槽和料槽。水槽高 15 厘米，宽 20 厘米。料槽高 25 厘米，上宽 30 厘米，下宽 25 厘米。双列式围栏应在两列间留出通道，料槽则在通道两边。围栏内应隔成小栏，每栏 10～15 米^2，可容纳育肥鹅 70～90 只。这种棚舍可用竹棚架高，离地 70 厘米，棚底竹片之间有 3 厘米宽的孔隙，便于漏粪。也可不用棚架，鹅群直接养在地面上，但需每天打扫，常更换垫草，并保持舍内干燥，以利于采光通风和保温。

85. 鹅场常用的育雏保温设备有哪些？

在冬春季育雏期间，由于要求舍内温度较高，而此阶段外界温度很低，就需要在育雏舍内安装加热设备用于提高舍温。常见的加热设备类型有以下几种：

（1）自温育雏设备。自温育雏是利用箩筐或竹围栏作挡风保温器材，依靠雏鹅自身发出的热量达到保温的目的，此法设备用具简单且经济，但管理费工，故只适用于小规模育雏。

①自温育雏箩筐。分两层套筐和单层竹筐 2 种。两层套筐由竹片编织而成的筐盖、小筐和大筐拼合而成。筐盖直径 60 厘米、高 20 厘米，作保温和喂料用。大筐直径 50～55 厘米、高 40～43 厘米，小筐的直径比大筐略小，高 18～20 厘米，套在大筐之内作为上层。大小筐底铺垫草，筐壁四周用草纸或棉布保温。每层可盛初生雏鹅 10 只左右，以后随日龄增大而酌情减少。这种箩筐还可供出雏用。另一种是单尾竹筐，筐底和周围用垫草保温，上覆筐盖或其他保温物。筐内育雏，喂料前后提取雏鹅出入和清洁工作等十分烦琐。

②自温育雏栏。在育雏舍内用 50 厘米高的竹编成的篾围，围成可以挡风的若干小栏，每个小栏可容纳 100 只雏鹅以上，以后随日龄增长而扩大围栏面积。栏内铺上垫草，篾上架以竹条盖上覆盖物保温，此法比在筐内育雏管理方便。

（2）加热育雏设备。指需要消耗外界能源以达到保温目的的育雏设备，这部分能源主要有电、煤炭、烧柴、天然气等。常见设备如下：

①炕烟道。炕烟道在育雏舍地面修筑，分地下炕道和地上炕道两种。均需在育雏舍一端设灶门，另一端向上设烟囱，视舍内宽度可设 3～5 条炕道。此法温度平稳，保温时间长，可使育雏舍地面保持干燥，而且节约电能，是一种较为理想的加温方式。

②育雏伞。根据供热能源不同又分为电热育雏伞、燃气育雏伞和火炉育雏伞，各养鹅场可根据自身条件，合理选用。

A. 电热育雏伞。伞面用铁皮或纤维板制成，内侧顶端安装电热丝，连通一胀缩柄装置以控制温度，伞四周可用 20 厘米高护板或围栏圈起，随日龄增加扩大面积。每个电热育雏伞可育雏鹅 150 只。可放置地面或悬挂。

B. 燃气育雏伞。形状同电热育雏伞，伞体用铝板滚压制成，内侧设喷气嘴，燃料为天然气、液化石油气、沼气等。燃气育雏伞悬挂高度为 0.8～1.0 米。

C. 火炉育雏伞。可以自行设计，由伞体、火炉、烟道等组成。伞体由铁皮制作而成，火炉内壁涂一层 5～10 厘米厚黄泥，防止过热。距火炉 15 厘米要设置铁丝网，防止雏鹅靠近炉体。炉下要垫一层砖，防止引燃垫草。

③热风炉。适用于规模较大的育雏场。炉体安装在舍外，由管道将温暖的热气输送入舍内，主要燃料为煤。热风炉使用效果好，但安装成本高。热风炉由专门厂家生产，不可自行设计，防止煤气中毒。

④红外线灯。在室内直接使用红外线灯泡加热。常用的红外线灯泡为 250 瓦，使用时可等距离排列，也可 3～4 个红外线灯泡交叉安装组成一组，轮流使用；这样可避免因一个灯泡损坏而影响保温。第 1 周龄，灯泡离地面 35～45 厘米，温度达 32～34℃，第 2 周开始可根据室温高低和雏鹅神态调节灯泡悬挂的高度，每个灯泡可保温雏鹅 100～120 只。用红外线灯泡加温，温度稳定，室内垫料干燥，管理方便，节省人力。但

红外线灯耗电量大，灯泡易损坏，成本较高，供电不正常的地方不宜使用。

除上述方法外，还可采用火炕加温、育雏笼加温等方法。

86. 如何进行鹅场的环境控制与监测？

鹅场环境的控制主要是防止鹅生存环境的污染，鹅生活在该环境中，或多或少地也影响着周围的环境。使鹅场受到污染的因素有工业"三废"、农药残留、鹅的粪尿污水、死鹅尸体和鹅舍产生的粉尘及有害气体等，故对鹅场的环境控制与监测主要是控制水质、土壤和空气。

（1）鹅舍内水质控制与监测。水质的控制与监测在选择鹅场地址时即应进行，主要根据供水水源性质而定。用地下水时，据当地实际情况测定水感官性状（颜色、浊度和臭味等）、细菌学指标（大肠杆菌菌群数和蛔虫卵）和毒理学指标（氟化物和铅等），不符合无公害鹅生产时，分别采取沉淀和加氯等措施。鹅场投产后据水质情况进行监测，1年测1～2次。

（2）鹅场和鹅舍空气控制与监测。在建场时即须确保无公害鹅场不受工矿企业的污染，鹅场建成后据其周围有无排放有害物质的工厂而监测特定的指标，有氯碱厂则监测氯，有磷肥厂则监测氟。无公害鹅舍内空气的控制除常规的温度和湿度监测外，还涉及氨气、硫化氢、二氧化碳、悬浮微粒和细菌总数。必要时还须不定期监测鹅场及鹅舍的臭气。

（3）鹅场土壤的控制与监测。养鹅生产逐渐向集约化方向发展，较少直接接触土壤，其直接危害作用少，主要表现为种植的牧草和饲料危害鹅，当牧草感染真菌、细菌和害虫后则影响鹅的生产。土壤控制和监测在建场时即进行，之后可每年用土壤浸出液监测1～2次，测定指标可有硫化物、氯化物、铅等毒物及氮化物等。

87. 如何进行鹅场废弃物的处理？

鹅为人类提供大量产品的同时，也产生大量的废弃物，如粪尿、生产污水、死胚、蛋壳、因病死亡的尸体、用过的垫料、鹅场及鹅舍内的有毒气体、尘埃等。这些废弃物中，数量最大的是粪尿和污水，它们不经过处理或处理不当则会污染环境，若经适当处理或转化，则可充分利用粪尿污水中的可利用物质，变废为宝。

（1）鹅场粪尿的处理。鹅场粪尿主要作为有机肥用于农田。作为肥料利用，粪尿可直接施用于农田，但体积大、利用有季节性且其中的病原菌对人畜环境都有危害。因此发展起了一系列的粪尿处理方法，如将粪尿腐熟制作堆肥利用高温杀灭病原菌；用高温烘干作为复合肥料或饲料的原料；利用粪尿中的生物能生产沼气作为能源利用，且沼气发酵残渣可进一步作肥料和饲料或直接燃烧提供热能等。

（2）鹅场污水的处理

①简单的物理处理。利用污水的物理特性，用沉淀法、过滤法和固液分离法将污水中的有机物等固体物分离出来，经两级沉淀后的水可用于浇灌果树或养鱼。

②化学处理法。将鹅场污水用酸碱中和法进行处理后再加入胶体物质使污水中的有机物等相互凝结而沉淀，或直接向污水中加入氯化消毒剂生成次氯酸而进行消毒。

③生物处理。利用污水生产沼气或用微生物分解氧化污水中的有机物达到净化的目的。目前我国已有牧场采用专门的处理系统对粪尿和污水进行处理。

（3）鹅场尸体和垫料的处理。尸体或死胚分解腐败产生臭气，若为传染病死亡的鹅，则必须经 100℃ 高温熬煮处理消毒或直接与垫料一起在焚烧炉中焚烧。孵化后的死胚可与粪尿一起堆沤作肥料。无论何种处理方法，运输死鹅或死胚的容器应便于消毒密封，以防在运送过程中污染环境。

九、鹅产品经营管理

88. 鹅产品系列包括哪些？

（1）鹅蛋。鹅蛋既可鲜吃，又可加工成咸蛋、皮蛋和糟蛋，蛋黄可加工成蛋黄粉，这些都是日常生活中非常方便的蛋白质类食物。

（2）鹅肉。鹅肉也是较好的动物性蛋白食品，价格上在肉类中是最低的。

（3）鹅肝。尤其是鹅肥肝质地细嫩，口味鲜美，是肉禽食品中的上等品。

（4）鹅血、胆、油、肠、粪。鹅血中合有抗癌因子，可用来治疗恶性肿瘤，上海已生产出鹅全血抗癌药片。鹅胆可制抗菌痢药物和胆结石溶解药物。鹅油含有特殊的风味，用鹅油加工制作的糕点香酥可口。鹅肠可用来制鹅肠衣、烧烤辣肠。一只鹅可相当于一个小型化肥厂，一年约排出 210 千克粪便，能增产粮食25 千克。鹅粪还是鱼虾的好饲料，池塘、水库养鱼，同时养鹅，可降低养鱼成本，形成良好生态环境。

（5）鹅毛。鹅绒和毛经加工制成羽绒服、羽绒被、羽绒枕等，翼羽等还可以制成工艺品、羽毛球。

（6）鹅皮。鹅皮可进行腌制加工成裘皮，制成裘皮大衣，和其他工艺品等。

89. 鹅肥肝有哪些营养价值？

鹅肥肝与正常肝相比，其化学成分有很大变化，重量有很大差别。正常肝脏中水分含量较高，脂肪含量较低。鹅肥肝脂肪含量显著增高，水分含量相对减少，含可降低血液中胆固醇、防止动脉硬化的不饱和脂肪酸和人体内不能合成的必需脂肪酸—亚麻油酸。另外肥肝中含有丰富的卵磷脂、甘油三酯、脱氧核糖核酸和核糖核酸，这些营养物质都是人体生长发育所必需。鹅肥肝的主要营养成分见表10。

表10　鹅肥肝与正常鹅肝主要成分比较

主要成分	重量（克）	水分（%）	脂肪（%）	蛋白质（%）	矿物质（%）	卵磷脂（%）
肥肝	300～1 400	32～35	38～60	7～12	0.8～0.9	4.3～7.0
正常肝	50～100	67～76	6～7	22～24	1.4～1.7	1.0～2.0

从表中可见，肥肝中脂肪含量高达60%。分析其脂肪酸组成，不饱和脂肪酸占65%～68%，包括油酸61%～62%、亚油酸1%～2%，棕榈酸3%～4%。不饱和脂肪酸可降低人体血液中胆固醇的含量，减少胆固醇类物质在血管壁上沉积，软化血管，防止动脉硬化，对健康极为有益。鹅肥肝中还含有丰富的人体生长发育所必需的其他物质，与未经填肥的鹅肝相比，鹅肥肝中甘油三酯含量增加179倍，卵磷脂增加4倍。上述物质是脑细胞的组成部分，是促进上皮细胞分裂、再生的重要营养物质，能滋补身体。

据国外资料报道，法国人患心血管疾病者的比例在发达国家中是最低的，原因是法国人喜欢吃鹅肥肝，从而降低了心血管疾病的发生率。目前，日本、美国等发达国家已开始增加鹅肥肝的消费。

90.　哪些因素影响肥肝鹅的填饲生产？

禽类肝脏合成脂肪的能力大大超过哺乳动物。禽类脂肪组织合成的脂肪数量仅占5%～10%，而肝脏中合成的脂肪占90%～

95%，这是水禽肝脏能迅速肥大的主要原因。衡量鹅的肥肝性能，除考虑肥肝的平均重量外，还应考虑肝的质量、饲料消耗、填饲期死淘汰率等因素，影响鹅肥肝生产的因素有以下几方面。

（1）品种。品种是影响鹅肥肝产量的首要因素，不同品种的鹅其肥肝生产性能差异很大。一般说来，肉用性能较好的鹅种，肥肝性能较好，均适合于肥肝生产，小型鹅种的肥肝性能较差。我国的鹅种资源丰富，除太湖鹅、豁眼鹅 2 个小型鹅品种外，许多鹅种均具有良好的肥肝性能，不同的鹅种平均肝重差异也很大（表 11），其中以狮头鹅、溆浦鹅的肥肝性能最好。我国鹅种肥肝大小中等居多，质量较好，但肥肝大小不均匀。从目前讲，法国朗德鹅是生产肥肝的首选品种，其肥肝平均重 800 克左右。

表 11　我国饲养的主要鹅品种及杂交种的肥肝生产性能

品种（或杂交组合）	平均肥肝重（克）	最大肥肝重（克）	肝料比
太湖鹅	317.0	514	1∶32.3
溆浦鹅	572.9	929.0	1∶34.4
狮头鹅	600	1 400	1∶40
浙东白鹅	391.8	600	1∶24.1
豁眼鹅	212.4	538	1∶101
四川白鹅	344.0	520	1∶40
永康灰鹅	478.3	844	1∶40
朗德鹅	869	1 680	1∶24
莱茵鹅	582	795	1∶25
狮头鹅×四川白鹅	467.3	1 030	—
朗德鹅×太湖鹅	381.7	—	—
朗德鹅×莱茵鹅	677.7	915	1∶20.4

不同品种肥肝质量也不一样，图卢兹鹅肥肝质量偏软，煮熟后脂肪就流出来，肥肝缩小，质量较差。朗德鹅肥肝较图卢兹鹅的小，但质量较好。莱茵鹅肥肝中等大小，质量较好。利用杂交鹅来生产肥肝已取得了良好的效果。大型肉鹅肥肝性能好，但繁殖力较低，而繁殖力高的品种，往往体型不大，产肝性能欠佳。

国外的肥肝生产已从纯种生产发展为品种或品系间杂交，利用杂种优势生产肥肝。通常采用肥肝性能好的大型品种作父本，繁殖力高的品种作母本，以获得肥肝性能好，生活力强，数量更多的杂交商品鹅用于肥肝生产。我国多数鹅种体型较小，利用杂交生产肥肝势在必行。选用大型鹅种狮头鹅或引进国外优良肝用鹅朗德鹅作为父本，与产蛋量较多的太湖鹅、四川白鹅、五龙鹅杂交配套，杂种的肥肝性能均大大优于母本品种，表明利用杂种生产肥肝是提高我国肥肝生产水平的有效途径。而且杂种鹅生活力强，在填饲中伤残鹅数量减少，并显示了明显的肥肝杂交优势。

(2) 体重。体重在一定程度上反映鹅机体发育的状况，体重较小的鹅，生长发育年龄较短，机体生长发育要消耗的养分较多，养分转化为脂肪在肝脏中沉积较少，同时胸、腹腔，食道容积较小，能填的饲料量较少，而且肥肝可增大的空间也相对较小，导致肥肝较小。湖南农业大学用不同体重的溆浦鹅进行填肥试验结果表明，体重最大的试验组肥肝最重，体重中等组次之，体重最小组最低，优质肥肝的百分率和肥肝的饲料转化率也呈相同趋势。鹅肥肝增重与屠宰前体重、填饲期增重显著相关，说明屠宰前体重大、填饲期体增重快的鹅肥肝较大。一般说来，填饲期体重增长率在 80% 以上，就可获得满意的优质肥肝。由此看出从体增重的变化可预测肥肝的增重效果。不同的鹅品种，其生长发育规律不同，肥肝性能也有所差异。据测定，体重大的品种肥肝性能优于体重小的品种。肥肝重与开填体重、填 2 周体重、填 3 周体重、屠体重的相关系数达 0.4 以上，用于填饲的鹅体重不同，品种间差异较大，大、中型鹅种宜在 5 千克左右，小型品种宜在 3 千克以上。

(3) 饲料。肥肝的生产在国内外均采用以玉米为主的能量饲料。但是玉米的类型、色泽、含水量、纯度等对填饲效果有一定影响，玉米的色泽直接影响肥肝颜色的深浅。填饲玉米要求无霉变，水分含量低。调制严格遵守操作规程，特别是水煮玉米不能煮得太久，以免由于吸水太多，玉米体积增大，而影响填饲量。由于强制填饲是一个很强的应激因素，添加多种维生素增强抗应激能力。食盐有促进消化的作用，对肥肝的重量也有一定的影响，通常添加 1% 左右的食盐，填饲效果较好。玉米粒料和粉料对填肥效果有显著影响。玉米粉碎后，粒间空隙多，体积大，干粉料不易填入，湿料因含水分多影响填饲量，玉米粒填饲量多于玉米粉。因此，在料型上应选用玉米粒料。

（4）性别和年龄。填饲鹅的年龄不仅与肥肝的大小有关，而且直接影响胴体质量和生产成本。据研究，在所有影响鹅肥肝的因素中，鹅的年龄占 15%。一般选择 3～4 月龄的鹅进行填饲较好，此时，鹅肌肉组织和骨骼已基本长足，消化吸收的营养物质可较多地转化成脂肪，肝细胞数量较多，肝中脂肪合成酶的活力较强，有利于增重。用年龄过小的鹅进行填饲，肥肝效果差，胴体产肉量少，肉质也差，填饲中容易发生瘫痪、死亡，伤残率高，肥肝小而达不到标准；年龄过大，必然导致饲养成本的增加，影响肥肝生产的经济效益。我国的大、中型鹅品种在 4 月龄，小型品种在 3 月龄左右填饲较为理想。许多资料表明鹅的性别对肝重的影响不大，如浙东白鹅公鹅肥肝重 399.8 克，母鹅为 377.9 克；太湖鹅公鹅肥肝重 216.4 克，母鹅为 222.8 克，差异均不明显。而溆浦鹅育肥后，公鹅平均肝重 583.3 克，母鹅为 524.2 克，差异显著。溆浦鹅在夏季填饲时，公鹅平均肥肝重显著高于同日龄母鹅，且公鹅产大肝的比例也高于母鹅。在公、母鹅体增重相同情况下，每千克体增重中公鹅形成肥肝重比母鹅高 7.5%，而母鹅比公鹅多形成腹脂 7.2%，但肥肝均匀度高，说明公、母鹅形成肥肝的能力在一定程度上还是有差异的。有条件的地方，可多选公鹅用于肥肝生产。从实践来看，母鹅比公鹅易育肥，这与雌性激素的分泌有关，但是母鹅娇嫩，其耐填性和抗病力较公鹅差。所以育肥前应适当选择，淘汰部分弱小母鹅，提高整体产肝数量和质量。

（5）填饲技术方面。肥肝生产的关键性操作是填饲。肥肝生产属劳动密集型和技术密集型产业，要消耗大量的人力，在整个生产过程中，填饲人员起着非常重要的作用，要求填饲员具有熟练的填饲技术，并严格按规定进行操作。填饲技术的高低，对肥肝生产效果影响较大，所以须对填饲员进行技术培训。在品种、年龄、性别、日粮相同的条件下，不同填饲员之间的填饲效果差异较大。法国阿蒂盖试验便是很好的说明（表12）。除人的责任心和技术水平外，合理的填饲期、填饲次数、时间安排、机型、日粮和填饲量对肥肝增重影响很大，应抓好这几个环节的技术操作。总之，要加强技术培训，在填饲过程中，只要不损伤鹅食道，给每只鹅填饲足够的且鹅也能消化的量，让每只鹅都能发挥其产肝潜力，达到育肥成熟，就能获得满意的效果。

表12　不同填饲员对朗德鹅填肥效果

填饲员编号	平均肝重（克）	肝重占体重（%）	一级肥肝重（%）
1	640	8.1	55.0
2	604	7.6	53.3
3	607	7.4	35.0
4	604	8.6	57.8
5	536	6.8	23.3

（6）环境条件。相同品种在不同季节、不同气温环境条件填肥，肥肝生产效果不同。填饲的最适宜温度为 10～15℃，在 20～25℃的环境中可以填饲，但不能超过 25℃。高温填饲，鹅胃肠蠕动减缓，消化能力下降，容易引起消化不良等病症，甚至引起死亡。据湖南农业大学测定，高温季节填肥填饲期缩短 5～10 天，体重降低 20%～40%，肥肝重量降低 25.6%～48.5%。因此，气候炎热时不利于填饲，尤其是气温超过 30℃应注意防暑降温。填肥鹅对低温的适应性较强，在温度为 4℃的条件下也影响不大。如果温度低于 0℃时，饲料消耗增加，不经济，还应做好防寒工作。因此春季和秋季出壳的鹅，养至春季和秋季填肥

效果最好，而在我国长江以南地区，冬季也可进行肥肝生产。

91. 为什么玉米是生产肥肝的最好饲料？

玉米是生产肥肝的最好饲料。浙江省农业科学院畜牧兽医研究所对不同能量饲料进行得填肥比较试验，结果表明，玉米组的平均肥肝重比稻谷组高 20%，比大麦组高 31%，比薯干组高 45%，比碎米组高 27%。经我国和法国长期肥肝生产实践表明，玉米是鹅肥肝生产的理想饲料，目前玉米也是世界上普遍采用的填饲饲料。肥肝的主要成分为脂肪，脂肪由具有高能量的饲料转化而成，因此高能饲料玉米正是生产肥肝的理想饲料之一。能量饲料的种类如此众多，为什么实践中用玉米最好呢？随着科技的发展，有人分析了几种主要能量类谷物饲料的成分，从机理上解释选用玉米作填饲肥肝主要原料的原因。结果发现每千克玉米含胆碱约 400 毫克，含磷 0.25%；每千克燕麦胆碱含量为 870 毫克，含磷 0.4%；每千克大麦胆碱含量为 900 毫克，含磷 0.4%；每千克小麦胆碱含量为 1 100 毫克。胆碱是家禽生产必需的一种维生素，其卵磷脂成分防止脂肪在肝脏中沉积过多，有助于肝脏中脂肪转移，在动物体内维持正常肝功能．是肝脏的保护性物质，是常用的治疗脂肪肝的药物。饲料中胆碱含最高会妨碍脂肪在肝脏中的沉积，影响填肥效果，因此填饲时应选择胆碱含量低而能量高的饲料。玉米胆碱含量低，对肝脏的保护性差，大量填饲玉米后，肝脏容易积蓄脂肪而形成肥肝。由于玉米是一种低蛋白高能量饲料，其能值高，胆碱含量低，容易消化吸收，价格低廉，因此国内外生产普遍用玉米作填饲饲料生产肥肝。

92. 如何进行鹅肥肝的质量监测和分级？

肥肝是按等级论价销售的。鹅屠宰取出肥肝后，应适当整修处理，用小刀切除附在肝上的神经纤维、结缔组织、残留脂肪和胆囊下的绿色渗出物，切除肝上的瘀血、出血斑和破损部分，放入 1‰ 的盐水中浸泡 10 分钟，捞出后沥干水，称重分级。肥肝的分级标准各国不一样，我国于 1988 年 9 月由国家技术监督局发布了鲜肥肝的国家标准。这个标准是按重量分级、感官指标分级和理化指标分级 3 个方面进行综合评定的。

（1）重量。肥肝重量在很大程度上反映了肥肝的价值。同等质量的肥肝，肥肝越重，利用价值越高。特级 600 克以上，一级 350～600 克，二级 250～350 克，三级 150～250 克，150 克以下为等外级。

（2）感官评定。①色泽。色泽均匀，浅黄色或粉红色。②组织结构。肝体完整，表面光滑，无斑痕或斑点，无病变，质地有弹性，软硬度适中。③气味。无异味，熟时有特殊的芳香味（表13）。

表 13 鹅肥肝感官指标分级标准

	色泽	弹性	气味	损征
特级	淡黄、米黄或浅粉，肝表有光泽，色度均匀	指压后凹陷很快恢复	具鲜肝正常气味	肝体完整、无血、无血肿、无胆汁绿斑
一级	淡黄、米黄或浅粉			允许肝体切除一小部分，血斑直径 20 毫米者不超过两块，无血肿、无胆汁绿斑
二级	淡黄、米黄、黄色或浅粉	指压后凹陷较快恢复	无异味	允许肝体切除一小部分，允许有血斑，无血肿、无胆汁绿斑
三级	淡黄、米黄、黄色、浅粉或浅红	指压后凹陷恢复较慢		允许肝体切除一小部分，允许有血斑、血肿，无胆汁绿斑

（3）理化指标分级。样品理化指标的均值，应符合表14所列指标的要求。

表 14　鹅肥肝理化指标分级

项目	指标（%）			
	特级	一级	二级	三级
粗蛋白质	6～10			
粗脂肪	大于 45	41～45	35～40	
水分	小于 40	40～45	46～50	
油脂渗出率	小于 20	20～25	不要求	

（4）综合评定等级。重量达到而感官指标或理化指标达不到者，按感官指标或理化指标达到的最低级评定。

93. 我国鹅肥肝生产的现状和发展趋势是什么？

我国的肥肝生产起始于 20 世纪 80 年代，从试验研究到产品出口，已有几十年的时间。北京、上海、浙江、湖南、山东等地的农业大专院校和科学研究所对影响肥肝生产的各种因素进行了一系列试验研究，探索出了一套较为成熟、适合我国国情的肥肝生产方法，研制成功了几种较好的鹅、鸭肥肝填饲机，并创造出一套适宜中国鹅种的填饲工艺。北京、湖南、江苏、山东、云南等地已生产出合格的鹅肥肝，并有少量出口，向法国、日本等地试销。但在数量上、质量上均与国外先进生产水平相比有较大的差距，与我国养鹅大国的地位很不相称。我国鹅肥肝生产还多停留在试验上，科研成果尚未转化为生产力，批量出口的不多，未形成规模商品。我国肥肝生产存在以下几个主要的问题。

①品种。我国大多数鹅种体型较小，填饲生产的鹅肥肝虽然质量较好，但重量较轻，在国际市场上等级较低，价格也低。加之冻肝出口售价更低，在这种情况下，直接出口冻肝的换汇率较差。

②肥肝加工技术。我国出口的肥肝仅为初级产品，又是冻肥

肝，售价较低，经济效益不高。要提高肥肝生产的经济效益，应该将肥肝这一初级产品通过深加工，进一步增值，最有效的办法是将其加工成肥肝酱出口。但是我国目前还没有掌握这一加工技术。

③产、加、销配套。鹅肥肝生产是劳动密集型和技术密集型产业，需要精心组织和管理，需要填饲员的熟练操作技术；取肝、保鲜等需要较高的食品加工保鲜技术和严格的卫生要求及设施；运输、流通和外贸出口也需要密切配合。目前我国的肥肝生产由于生产数量少，还未形成规模化生产。

我国肥肝生产的有利条件：

①我国养鹅数量多，并有丰富的鹅种资源，具备发展肥肝生产的基础。并且我国多数鹅种虽体型偏小，但繁殖力高，通过品种间杂交选用优秀肝用杂交组合，或引进国外肥肝性能好的鹅种为父本，与我国优良鹅种配套，生产更多数量、肥肝性能好的杂交商品鹅，加快肥肝生产步伐，可望在较短时间内生产出较高等级的肥肝。

②生产肥肝需要大量高能量饲料，而且玉米是我国主要的粮食作物之一，随着农业科学技术发展，将会大幅度提高玉米的单产，为规模化生产肥肝奠定物质基础。

③20 世纪 80 年代以来，我国已有十多个省份进行肥肝生产的试验研究，在生产技术、填饲机具和工艺流程等方面取得了不少科研成果，并已应用于生产，获得较好效果，我国具备规模生产肥肝的潜力。

④肥肝生产是一项劳动密集型产业，在生产过程中，要消费大量的人力，劳动强度大，工作时间长，国外劳动力价格昂贵，生产肥肝成本较高，我国劳动力充足，劳动力价格极具竞争力，适宜发展肥肝生产。

肥肝的生产、加工和销售是一项系统工程，抓好这项产业化工程，协调好种鹅场供种、农户填肥、肥肝场屠宰加工和外贸出口等方面的关系；同时争取外引内联，合资生产，提高肥肝生产水平和深加工能力，拓宽肥肝出口渠道，增强我国肥肝在国际市场上的竞争力，我国肥肝生产必将会有大的发展，生产出口肥肝可望成为我国优势新兴产业。

94. 鹅羽毛有哪些经济价值？

在禽类的羽绒中，鹅的羽绒仅次于野生的天鹅绒，品质优良。鹅羽绒的绒朵结构好，富有弹性，蓬松、轻便、柔软、吸水性小，可洗涤、保暖、耐磨等，经加工后是一种天然的高级填充料，可制作成各种轻软防寒的服装及舒适保暖的被褥，也是轻工、体育、工艺美术等不可缺少的原料。羽绒蛋白质含量高，羽轴等经酶解或高温高压处理，制成羽毛粉，作高蛋白饲料添加剂。鹅的刀翎、尖翎和窝翎经再加工可制羽毛球、板羽球、羽毛笔和羽毛扇以及各种工艺美术品等。可用于生产吸附材料，如用羽毛粉加其他材料制成过滤床，吸附废水中的洗涤剂、酚化合物、汞、镉、砷等无机盐化合物。羽绒可以制成羽纱布或羽纱板，进一步可作为包装材料。羽毛中的角蛋白经化学处理，形成高黏度的蛋白液，可用来生产多种化工产品。羽绒下脚料经发酵后施肥，对柑橘、甘蔗等效果很好。因此，鹅羽毛产品在养鹅业中有很好的利用价值和经济效益。

95. 鹅体的羽绒分为哪几种类型？

鹅体不同的部位，有外形不同的羽绒。按羽绒形状和结构，鹅体上的羽毛分为 4 种主要类型：

①正羽。鹅外表覆盖体表绝大部分的羽毛是正羽，又称被羽，如翼羽、尾羽以及覆盖头、颈、躯干各部的羽毛。有完整的结构，由羽轴和羽片两部分组成。羽轴是羽毛中间较硬而富有弹

性的中轴。羽轴又包括羽茎和羽根两部分，羽茎在羽轴的上端，较尖细。两侧斜生并列的羽片，羽根在羽轴的下端，较粗，为无色透明的管状结构，基部着生在皮肤内。羽片是由羽茎两侧的若干羽支及其次生分支—羽小支所构成。羽小支又有近侧羽小支和远侧羽小支之分。近侧羽小支边缘略卷曲呈锯齿状突起，远侧羽小支的小钩与另一羽支的近侧小支的锯齿状突起相互勾连形成完整的羽片。

②绒羽。外表见不到的，被正羽所覆盖的，密生于鹅皮肤的表面，整个羽毛的内层便是绒羽。绒羽在构造上与正羽有较明显的区别，其特点是羽茎细而短，甚至呈点状，柔软蓬松的羽支直接从羽根部呈放射状生出。绒羽的羽小支上没有小钩或者小钩很不明显。羽小支构成隔温层起保温作用，为最好的保温填充料，是羽毛中价值最高的部分。绒羽主要分布在鹅体的胸、腹部和背部。绒羽中由于形态、结构的不同，又分为朵绒、伞形绒、毛形绒、部分绒。朵绒又叫纯绒，其特点是羽根或不发达的羽茎呈点状为一个绒核，从绒核放射出许多绒丝，形成朵状。朵绒是绒羽中最好的一种。伞形绒即未成熟或未长全的朵绒，绒丝尚未放射散开而呈伞形。毛形绒上部绒较稀，下部绒较密，羽茎细而柔软。羽支细密，具有羽小支，但无钩，梢端呈丝状而零乱。部分绒指一个绒核放射出两根以上的绒丝，但并不多，就像是绒的一部分一样。

③纤羽。这种羽毛纤细如毛，又叫毛羽，分布在所有羽区。羽轴较硬，仅在羽轴的顶部有少数羽支，保温性能差，因此利用价值也较小。

④绒形羽。绒形羽是介于正羽和绒羽之间的一种羽绒，也叫半绒羽。这种羽绒的上部是羽片，下部是绒羽，绒羽较稀少。

96. 鹅产品深加工有什么意义？

鹅的产品深加工意义十分重大，首先鹅产品深加工可以增加产品品种，使鹅产品不再局限于整胴体、羽绒、肥肝、蛋等的简单产品，而且能扩大产品市场，增加产品销售渠道，从而增加产品的销量；鹅产品深加工还可延长产品保存期，有利于产品销售和保持产品市场价格稳定；鹅产品深加工更大的意义是充分挖掘鹅体的价值及变废为宝，不断增产增值，就不会出现鹅产品市场疲软的局面，才能使养鹅业持续稳定发展。要做大、做强养鹅业，必须高度重视鹅产品的开发，应用新技术对鹅产品进行综合利用，提高鹅产品的档次，才能打入国际市场，显著提升养鹅业的经济效益。

参考文献

段修军 . 2014. 养鹅日程管理及应急技巧 [M]. 北京：中国农业出版社 .

魏刚才，李学斌 . 2013. 规模化鹅场兽医手册 [M]. 北京：化学工业出版社 .

田允波，许丹宁，黄运茂 . 2012. 鹅的营养与饲料配制 [M]. 广州：中山大学出版社 .

魏刚才，杨文平 . 2012. 种草养鹅手册 [M]. 北京：化学工业出版社 .

陈国宏，王永坤 . 2011. 科学养鹅与疾病防治 [M]. 北京：中国农业出版社 .

黄炎坤 . 2010. 轻轻松松学养鸭鹅 [M]. 北京：中国农业出版社 .

李慧芳，邹剑敏 . 2010. 鹅高效益生产综合配套新技术 [M]. 北京：中国农业出版社 .

胡民强 . 2010. 科学自配鹅饲料 [M]. 北京：化学工业出版社 .

田允波，黄运茂，许丹宁 . 2010. 鹅反季节饲养繁殖技术 [M]. 广州：中山大学出版社 .

黄运茂，施振旦 . 2010. 高效养鹅技术 [M]. 广州：广东科技出版社 .

刘彩霞，杨冬辉，李书宏，等 . 2010. 鸭鹅生产实用技术 [M]. 广州：广东科技出版社 .

黄炎坤 . 2010. 生态养鹅实用技术 [M]. 郑州：河南科学技术出版社 .

夏树立 . 2010. 实用养鹅技术 [M]. 天津：天津科技翻译出版公司 .

陈宗刚，胡庆华 . 2010. 绒用鹅养殖与活体拔绒技术 [M]. 北京：科学技术文献出版社 .

胡元亮 . 2009. 新编中兽医验方与妙用 [M]. 北京：化学工业出版社 .

刘兴友 . 2008. 鸭鹅病防治 [M]. 郑州：中原农民出版社 .

沈军达 . 2008. 种草养鹅与鹅肥肝生产 [M]. 北京：金盾出版社 .

韩占兵，朱士仁.2008.养鹅［M］.郑州：中原农民出版社.

刘国君.2007.鹅标准化生产技术周记［M］.哈尔滨：黑龙江科学技术出版社.

张海彬.2007.绿色养鹅新技术［M］.北京：中国农业出版社.